富士微单
X-T4/T3
摄影与视频拍摄技巧大全

雷波　编著

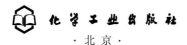

化学工业出版社

·北京·

本书以富士X-T3相机的使用说明和实战案例为主，兼顾富士X-T4、X-T30相机，较为全面地讲解了这3款微单相机的强大菜单功能、曝光技巧、附件使用及在各类题材中的实拍技巧等，让读者迅速上手富士微单相机。

随着短视频和直播平台的发展，越来越多的朋友开始使用微单相机录视频、做直播，因此，本书专门通过3章的内容来讲解拍摄短视频需要的器材、参数功能、运镜方式，以及富士微单相机拍摄视频的基本操作与菜单设置，让读者紧跟潮流玩转新媒体。

相信通过本书的学习，读者可以全面掌握富士微单相机拍摄功能，既能拍美图，又能玩转短视频，一举成为朋友圈中最靓丽的风景线。

图书在版编目（CIP）数据

富士微单X-T4/T3摄影与视频拍摄技巧大全/雷波编著. —北京：化学工业出版社，2020.9（2022.8重印）
ISBN 978-7-122-37166-9

Ⅰ.①富… Ⅱ.①雷… Ⅲ.①数字照相机-单镜头反光照相机-摄影技术 Ⅳ.①TB86②J41

中国版本图书馆CIP数据核字（2020）第094838号

责任编辑：李 辰 孙 炜　　　　　　　　封面设计：王晓宇
责任校对：王鹏飞

出版发行：化学工业出版社（北京市东城区青年湖南街13号　邮政编码100011）
印　　装：天津图文方嘉印刷有限公司
710mm×1000mm　1/16　印张13½　字数350千字　2022年8月北京第1版第2次印刷

购书咨询：010-64518888　　　　　　　　售后服务：010-64518899
网　　址：http://www.cip.com.cn
凡购买本书，如有缺损质量问题，本社销售中心负责调换。

定　价：128.00元

前　言

富士 X-T3 相机是一款 APS-C 画幅的数码微单相机，其采用崭新的 X-Trans CMOS 4 传感器和 X-Processor 4 图像处理器，是富士 X 系列全新第四代产品。相机检测的自动对焦区域可以覆盖整个画面（约 100%），相位检测像素达 216 万，即使在弱光环境下也能实现精准的高速自动对焦。在视频方面，支持录制 4K 全高清视频、高帧频视频。集如此多优秀功能于一身的富士 X-T3 相机，无论是拍摄照片还是视频，都有着超凡表现。

本书是一本以富士 X-T3 相机为主，兼顾富士 X-T4、X-T30 相机，全面解析这三款相机的强大功能、实拍技巧及各类拍摄题材实战技法的实用类书籍，通过实拍测试及精美照片示例，将官方手册中没讲清楚或没讲到的内容以及抽象的功能描述具体、形象地展现出来。

在相机功能及拍摄参数设置方面，本书不仅针对富士 X-T3、X-T4 及 X-T30 相机的结构、菜单功能以及光圈、快门速度、白平衡、感光度、曝光补偿、测光、对焦、拍摄模式等设置技巧进行了详细的讲解，更附有详细的菜单操作图示，即使是没有任何摄影基础的初学者也能够根据这些图示玩转相机的常用菜单及功能设置。

在镜头与附件方面，本书针对数款适合该相机配套使用的高素质镜头进行了详细点评，同时对常用附件的功能、使用技巧进行了深入解析，以方便各位读者有选择地购买相关镜头、附件，

与富士 X-T3、X-T4 及 X-T30 相机配合使用，拍摄出更漂亮的照片。

在实战技术方面，本书通过展示大量精美的实拍照片，深入剖析了使用富士 X-T3、X-T4 及 X-T30 相机拍摄人像、儿童、风光、动物、花卉、建筑等常见题材的摄影技巧，以便读者快速提高摄影水平。

经验与解决方案是本书的亮点之一，本书精选了数位资深摄影师总结出来的关于富士 X-T3、X-T4 及 X-T30 相机的使用经验及技巧，相信它们一定能够帮助读者少走弯路，让您感觉身边时刻有高手点拨。此外，本书还汇总了摄影爱好者初上手使用富士 X-T3、X-T4 及 X-T30 相机时可能会遇到的一些问题、问题出现的原因及解决方法，相信能够解决许多摄影爱好者遇到问题时求助无门的苦恼。

为了方便及时与笔者交流与沟通，欢迎读者朋友加入光线摄影交流 QQ 群 327220740。关注我们微信公众号"好机友摄影"，或在今日头条、百度中搜索"好机友摄影学院"以关注我们的头条号、百家号，每日接收新奇、实用的摄影技巧，也可以拨打我们电话 13011886577 与我们沟通交流。

编著者

2020 年 7 月

目 录

第 1 章 从机身开始掌握富士 X-T4/T3

第 2 章 初上手一定要学会的菜单设置

第 3 章 必须掌握的基本曝光设置

第 4 章 灵活使用曝光模式拍出好照片

第 5 章 高级曝光及拍摄技巧

第 6 章 拍摄 Vlog 视频需要准备的硬件及需要理解的参数

第 7 章 拍摄 Vlog 视频或微电影需要了解的镜头语言

第 8 章 利用富士 X-T4/T3 拍摄视频的基本流程

第 9 章 富士 X-T4/T3 镜头选择与使用技巧

第 10 章 用附件为照片增色的技巧

第 11 章 富士 X-T4/T3 人像摄影技巧

第 1 章 从机身开始掌握
富士 X-T4/T3

富士 X-T3相机
正面结构

❶ **Fn 2按钮（功能按钮2）**

在默认设置下，按此按钮可以显示 DRIVE 设置菜单，在此菜单中可以设置各种驱动模式的参数

❷ **前指令拨盘**

旋转此拨盘可以选择菜单选项卡或翻阅菜单、调整光圈、曝光补偿、感光度或在回放时切换照片；按下该拨盘可以在光圈和感光度之间来回切换，持续按住可以选择"命令转盘设定"菜单中所选的选项

❸ **AF 辅助灯 / 自拍指示灯**

当在"AF辅助灯"菜单中选择"开"时，在拍摄场景的光线较暗时，此灯会亮起以辅助对焦；当启用"自拍"功能时，此灯会闪烁进行提示

❹ **同步终端**

使用同步终端可连接有同步线的闪光灯组件

❺ **手柄**

在拍摄时，用右手持握此处。该手柄按照人体工程学的理念进行设计，持握起来非常舒适

❻ **镜头释放按钮**

用于拆卸镜头，按住此按钮并旋转镜头的镜筒，可以把镜头从机身上取下来

❼ **对焦模式选择器**

拨动选择器可选择S（单次自动对焦）、C（连续自动对焦）和M（手动对焦）模式

富士 X–T3相机
顶部结构

❶ 背带环

用于安装相机背带

❷ 感光度拨盘

按下感光度拨盘锁定释放按钮，然后旋转此拨盘可以选择 160 至 12800 之间的值或者 L（低感光度）、H（扩展感光度）、A（自动感光度）

❸ 热靴

用于外接闪光灯，热靴上的触点正好与外接闪光灯上的触点相合；也可以外接无线同步器，在有影室灯的情况下起引闪的作用

❹ 快门速度拨盘

按下快门速度拨盘锁定释放按钮，然后旋转此拨盘可在 S 和 M 曝光模式下选择快门速度值。当此拨盘旋转至 A 时，则为光圈优先曝光模式；当此拨盘和光圈环都旋转至 A 时，则为程序自动曝光模式

❺ 电源开关

用于开启或关闭相机

❻ 快门按钮

半按快门可以开启相机的自动对焦系统，完全按下时即可完成拍摄。在录制动画模式下，完全按下时开始录制视频，再次按下结束录制视频。当相机处于节电状态时，轻按快门可以恢复至工作状态

❼ 曝光补偿拨盘

旋转此拨盘可以在 –3~+3 之间选择曝光补偿值

❽ Fn 按钮（功能按钮）

在默认设置下，按此按钮可以开启"脸部识别/眼睛识别设置"功能

❾ 快门速度拨盘锁定释放按钮

按下此按钮可以解除快门速度拨盘的锁定，然后才可以转动快门速度拨盘来选择快门速度值，再次按下该按钮可重新锁定快门速度拨盘

❿ VIEW MODE

按此按钮可以选择是用电子取景器显示还是用液晶显示屏显示，或者自动在取景器和液晶显示屏之间切换显示

⓫ 屈光度调节控制器

若电子取景器中的参数指示显示模糊，可以拉出此控制器，然后旋转此控制器直至电子取景器显示清晰对焦

⓬ 感光度拨盘锁定释放按钮

按下此按钮可以解除感光度拨盘的锁定，然后才可以转动感光度拨盘来选择感光度值，再次按下该按钮可重新锁定感光度拨盘

富士 X-T3相机
背面结构

❶ LCD显示屏/触摸屏

用于显示菜单、回放和浏览照片、显示光圈及快门速度等各项参数设定。另外，屏幕是可触摸控制的，可以通过手指在上面点击、滑动来操作。通过倾斜此显示屏，可以以更灵活的拍摄姿势进行拍摄

❷ 删除按钮

在查看照片时按此按钮，屏幕中将显示一个删除照片操作选择界面，然后按 MENU/OK 按钮即可进入删除照片界面

❸ 播放按钮

按此按钮可以回放拍摄的照片，转动前指令拨盘或按左、右方向键选择照片

❹ 电子取景器（EVF）

在拍摄时，可以通过观察电子取景器进行取景构图

❺ 眼传感器

当摄影师（或其他物体）靠近电子取景器后，眼传感器能够自动感应，然后相机会从 LCD 显示屏显

示状态自动切换成为电子取景器显示

❻ 测光拨盘

拨动此拨盘可以选择测光模式

❼ AE－L（曝光锁定）按钮

按下此按钮可以锁定曝光

❽ 后指令拨盘

旋转此拨盘可以选择快门速度和光圈的组合（P 模式）、选择快门速度（S、M 模式）；在回放模式下，向右旋转后指令拨盘可放大当前照片，向左旋转则可缩小照片直至以缩略图显示；在设置快速菜单时，旋转此拨盘可更改设置；在对焦区域模式下，旋转此拨盘可以调整对焦框的大小。按下此拨盘的中央，可以执行指定给此拨盘的功能，或放大当前对焦点

❾ AF－L（对焦锁定）按钮

按下此按钮可以锁定对焦

❶ 驱动拨盘
拨动拨盘使所需的图标对齐标志线处，即可选择单拍、连拍、包围、多重曝光、全景照片、创意滤镜、录制动画等驱动模式

❷ 对焦棒（对焦杆）
倾斜对焦棒可以选择对焦点的位置，按下对焦棒则选择中央对焦点

❸ Q按钮
按此按钮可以进入快速菜单界面，在此界面中使用方向键选择所需项目，然后转动后指令拨盘可以快速修改设置

❹ Fn3（功能按钮3）/上方向键
在默认设置下，按此按钮可以设置自动对焦区域模式；在菜单操作过程中，此按钮起到向上选择的作用

❺ Fn5（功能按钮5）/右方向键
在默认设置下，按此按钮可以显示白平衡列表；在菜单操作过程中，此按钮起到向右选择的作用

❻ MENU/OK按钮
在拍摄状态和回放模式下，按此按钮将显示相应的相机菜单；在菜单操作过程中，按此按钮起到确定的作用

❼ Fn4（功能按钮4）/左方向键
在默认设置下，按此按钮可以显示胶片模拟列表；在菜单操作过程中，此按钮起到向左选择的作用

❽ DISP/BACK 按钮
用于控制电子取景器和 LCD 显示屏中信息显示，在拍摄状态和回放模式下，多次按此按钮，可依次切换显示不同信息的屏幕；在菜单操作过程中，按此按钮起到退出或取消的作用

❾ Fn6（功能按钮6）/下方向键
在默认设置下，按此按钮可以启用性能模式；在菜单操作过程中，此按钮起到向下选择的作用

❿ 指示灯
此灯用不同颜色和闪烁的状态来提示相机当前的工作状态。点亮绿色表示对焦锁定；闪烁绿色表示对焦或低速快门警告；闪烁绿色及橙色表示相机开启且正在记录照片或在WiFi 传输期间相机关闭；点亮橙色表示正在记录照片，且无法继续拍摄；闪烁橙色表示闪光灯正在充电；闪烁红色表示镜头或存储卡出现错误

富士 X-T3相机
侧面结构

❶ 麦克风插孔

将带有立体声微型插头的外接麦克风插入此孔，便可在拍摄视频时录制立体声

❷ 耳机插孔

将带有立体声微型插头的立体声耳机插入此孔，可以在短片播放期间听到声音

❸ USB 连接插孔（C型）

可以用 1.5m 以内的 USB 连接线插入此接口和电脑USB接口，复制照片到电脑上；连接到打印机 USB 接口则可以打印照片

❹ HDMI连接插孔（D型）

用 1.5m 以内的 HDMI 线将相机与电视机连接起来，可以在电视机上查看照片和视频

❺ 遥控快门装置连接插孔（∅ 2.5 mm）

当将遥控快门线 RR-100 连接到此插孔时，可以通过遥控快门线上的快门按钮进行拍摄

❻ 存储卡插槽1和2

用于安装 SD 存储卡

富士 X-T3相机
底部结构

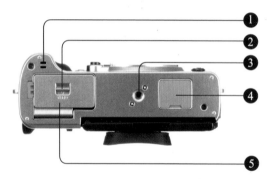

❶ 扬声器

用于播放声音

❷ 电池盒盖释放搭扣

推动电池盒释放搭扣并打开电池盒盖，然后安装电池

❸ 三脚架安装座

用于将相机固定在三脚架或独脚架上。对准孔位后顺时针转动三脚架快装板上的旋钮，可将相机固定在三脚架或独脚架上

❹ 垂直电池握柄连接插孔盖

用于安装另购的 VG-XT3 垂直电池握柄

❺ 电池盒盖

打开电池舱盖后可拆装电池

富士 X–T3相机
拍摄信息显示

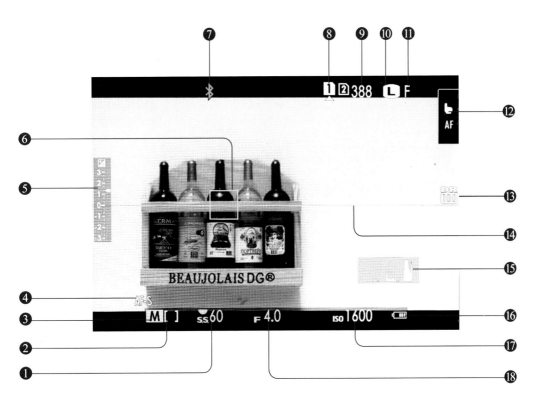

❶ 快门速度	❿ 图像尺寸
❷ 测光模式	⓫ 图像质量
❸ 拍摄模式	⓬ 触摸屏模式
❹ 对焦模式	⓭ 动态范围
❺ 曝光指示	⓮ 电子水平仪
❻ 对焦框	⓯ 直方图
❼ 蓝牙开 / 关	⓰ 电池电量
❽ 卡槽选项	⓱ 感光度
❾ 可拍摄张数	⓲ 光圈值

富士 X-T3相机
快速菜单

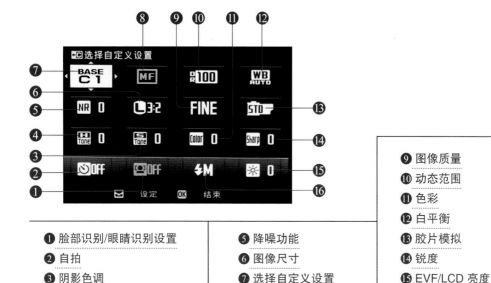

① 脸部识别/眼睛识别设置
② 自拍
③ 阴影色调
④ 高光色调
⑤ 降噪功能
⑥ 图像尺寸
⑦ 选择自定义设置
⑧ 对焦模式
⑨ 图像质量
⑩ 动态范围
⑪ 色彩
⑫ 白平衡
⑬ 胶片模拟
⑭ 锐度
⑮ EVF/LCD 亮度
⑯ 闪光灯功能设置

富士X-T4与T3相机
按钮区别

富士X-T4相机背面与T3相机背面的区别

1.富士X-T4相机没有测光模式拨盘，需通过快速菜单设置测光模式。X-T3相机测光拨盘的位置在X-T4相机上为STILL/MOVIE模式拨盘（见图标注❶），将该拨盘旋转至STILL可以拍摄照片，旋转至MOVIE可录制视频。

2.富士X-T4相机背面有AF-ON按钮（见图标注❷），在默认设置下，按下此按钮可以进行对焦。用户也可以通过菜单为其指定其他功能。

3.富士X-T4相机背面没有AF-L按钮。

富士X-T30与T3相机
按钮区别

富士 X-T30 相机正面与 T3 相机正面的区别

1.富士X-T30相机没有Fn 2按钮（功能按钮2）。

2.富士X-T30相机没有同步终端。

富士X-T30相机顶面与T3相机顶面的区别

1.没有感光度拨盘，并且没有拨盘锁定释放按钮，富士X-T30相机的该位置为驱动模式拨盘。

2.富士X-T30相机的快门速度拨盘没有拨盘锁定释放按钮，直接转动即可选择快门速度值。

3.富士X-T30相机有闪光灯弹出杆（见图标注❶），按该按钮会弹出内置闪光灯。

4.富士X-T30相机有内置闪光灯（见图标注❷），在弱光环境下，可以将其升起对画面进行补光。

5.富士X-T30相机有自动模式选择器拨杆（见图标注❸），将该拨杆拨至●处，则可以选择P、A、S、M拍摄模式；将该拨杆拨至AUTO处，则是自动拍摄模式。

富士X-T30相机背面与T3相机背面的区别

1.富士X-T30相机没有测光模式拨盘，需通过快速菜单设置测光模式。

2.富士X-T30相机的屈光度调节器在背面（见图标注❹）。

3.富士X-T30相机的VIEW MODE按钮在背面（见图标注❺）。

4.富士X-T30相机没有上、下、左、右方向键，也就没有了X-T3相机方向键上的功能按钮。

富士X-T30相机侧面与T3相机侧面的区别

1.富士X-T30相机没有耳机插孔，想插入耳机需要一根兼容模拟音频I/O的USBC型的3.5mm立体声迷你针式接口适配线。

2.富士X-T30相机是快门线与麦克风合二为一的插孔。

3.富士X-T30相机只有一个存储卡插槽。

第 2 章 初上手一定要学会的菜单设置

焦距：80mm · 光圈：F2.8 · 快门速度：1/500s · 感光度：ISO400

选择显示模式

通过按富士 X-T4/T3 相机的 VIEW MODE 按钮，用户可以选择是通过电子取景器或是通过 LCD 显示屏拍摄，或者在电子取景器与液晶显示屏之间自动切换。

● 眼传感器：选择此模式，当眼睛靠近电子取景器时便可开启电子取景器显示，并且关闭 LCD 显示屏显示。

● 限 EVF：选择此模式，仅在电子取景器显示，而 LCD 显示屏关闭显示。

● 限 LCD：选择此模式，则开启 LCD 显示屏显示，而关闭电子取景器显示。

● 限 EVF+ ：选择此模式，当眼睛靠近电子取景器时便可开启电子取景器显示；而将眼睛移开时则关闭电子取景器显示。LCD 显示屏一直处于关闭状态。

● 眼传感器 +LCD 图像显示屏：选择此模式，拍摄期间如果将眼睛靠近电子取景器，会开启电子取景器显示；而拍摄后将眼睛从电子取景器移开时，则会使用 LCD 显示屏显示图像。

▲ 富士 X-T3 相机的 VIEW MODE 按钮

▲ 富士 X-T4 相机的 VIEW MODE 按钮

▲ 富士 X-T30 相机的 VIEW MODE 按钮

▲ 富士 X-T3 相机电子取景器下方的眼传感器，能够感应眼睛的靠近与离开，从而开启或关闭电子取景器显示

▲ 在拍摄微距题材时，可以选择"限 LCD"模式，在 LCD 显示屏上放大画面，以便查看对焦情况。『焦距：90mm ¦ 光圈：F4 ¦ 快门速度：1/50s ¦ 感光度：ISO200』

 高手点拨：眼传感器可能会对眼睛以外的其他物体或直接照在传感器上的光线作出反应。当倾斜 LCD 显示屏时，眼传感器将不起作用。

掌握富士 X-T4/T3 的参数设置方法

了解菜单结构

富士 X-T4/T3 相机的菜单功能非常丰富，熟练掌握与菜单相关的操作可以帮助我们更加快速、准确地进行设置。

我们先来认识一下富士 X-T4/T3 相机提供的菜单设置页，即位于菜单左侧的各个图标，从上到下依次为图像质量设置菜单 IQ、AF/MF 设置菜单、拍摄设置菜单 ◘、闪光设置菜单 ⚡、视频设置菜单、播放菜单 ▶、设置菜单菜单 🔧 以及我的菜单 MY。

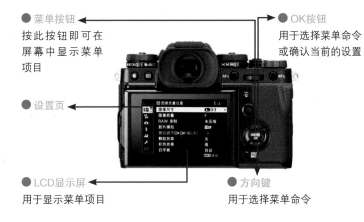

● 菜单按钮
按此按钮即可在屏幕中显示菜单项目

● OK按钮
用于选择菜单命令或确认当前的设置

● 设置页

● LCD显示屏
用于显示菜单项目

● 方向键
用于选择菜单命令

在操作时，按▲或▼可在各个菜单设置页之间进行切换，还可以使用前指令拨盘选择菜单设置页。

富士 X-T4/T3 菜单设置方法

下面以设置自动旋转显示屏选项为例，介绍设置菜单的操作步骤。

 高手点拨：在拍摄状态下，按MENU/OK按钮并不会显示播放菜单。播放菜单需要先切换到回放模式，按MENU/OK按钮才会显示。

设定步骤

❶ 开启相机进入拍摄待机界面，按 MENU/OK 按钮

❷ 进入到相机的菜单界面，按◀方向键切换至左侧的菜单设置页，然后按▲或▼方向键选择设置菜单选项

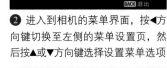

❸ 在左侧选择好后，按▶方向键进入其子菜单，然后按▲或▼方向键选择**屏幕设置**选项并按▶方向键

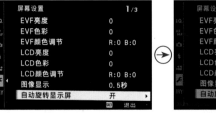

❹ 按▲或▼方向键选择**自动旋转显示屏**选项，然后按▶方向键

❺ 按▲或▼方向键选择一个选项，然后按 MENU/OK 按钮确认

使用 Q 按钮快速设置拍摄参数

认识相机的 Q 按钮

在使用富士 X-T4/T3 拍摄时，可以通过按机身背面的 Q 按钮进入快速菜单，来选择一些常用的参数选项，如降噪功能、图像质量、图像尺寸、自拍等。

使用快速菜单设置参数的方法

使用快速菜单设置参数的方法如下：

❶ 在相机开启的情况下，按机身背面的 Q 按钮显示快速菜单。

❷ 按▲、▼、◄、►方向键选择要设置的项目，然后转动后指令拨盘更改数值。

❸ 转动拨盘，设置参数完毕后，再次按 Q 按钮退出快速菜单界面。

> **提示**
>
> X-T30相机在第❷步的操作是使用对焦棒选择要设置的项目，然后转动后指令拨盘更改数值。

❶ 按 Q 按钮开启快速菜单后的 LCD 显示屏显示状态

❷ 选择要修改的项目

❸ 转动后指令拨盘修改数值

> **提示**
>
> X-T30相机没有提供方向键，在后面的内容中除了特别提示外，本书中涉及的"按▲、▼、◄、►方向键"的操作，在X-T30相机中是通过向上、向下、向左、向右按下对焦棒进行操作的。

▲ 在拍摄太阳被云彩遮挡而发出放射状光线时，利用快速菜单可以迅速设置好相关参数，从而趁着美景还未消失时，将其拍摄下来。『焦距：24mm ┆ 光圈：F7.1 ┆ 快门速度：1/400s ┆ 感光度：ISO200 』

利用 DISP/BACK 按钮切换屏幕显示信息

要使用富士 X-T4/T3 进行拍摄，必须了解如何显示光圈、快门、感光度、电池电量、拍摄模式、测光模式等与拍摄有关的拍摄信息，以便在拍摄时根据需要及时调整这些项目。

其实，方法很简单，只要不断按 DISP/BACK 按钮即可，每按一次 DISP/BACK 按钮，在取景器中按全屏显示→标准→双重显示（仅限手动对焦模式）的顺序切换显示拍摄信息；在 LCD 显示屏中，则按标准→无信息显示→信息显示→双重显示（仅限手动对焦模式）的显示顺序切换显示拍摄信息。

右侧上方展示了在 LCD 显示屏中 4 种不同的显示方式。

如果在回放照片时，按 DISP/BACK 按钮，则可以按标准→无信息显示→信息显示→收藏的顺序显示所选照片的拍摄信息，如右侧下方所示。

❶ 标准

❷ 无信息显示

❸ 信息显示

❹ 双重显示（仅限手动对焦模式）

❶ 标准

❷ 无信息显示

❸ 信息显示

❹ 收藏

> **提示**
> X-T30相机没有"双重显示（仅限手动对焦模式）"显示模式。

> **提示**
> X-T4相机在回放照片模式下，没有"收藏"显示模式。

设置相机显示参数

设置液晶屏的亮度级别

　　富士 X-T4/T3 相机的 LCD 显示屏的亮度是可调的，当在过亮或过暗的环境中拍摄时，可能会感觉液晶显示屏显示的正常亮度不足或者过亮，此时可以利用"LCD 亮度"菜单进行调整。

　　另外，当电池电量不足时，通过降低屏幕亮度可以有效节省电量，从而能够拍摄更多的照片。

↓ 设定步骤

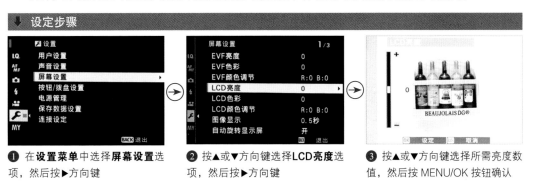

❶ 在**设置菜单**中选择**屏幕设置**选项，然后按▶方向键

❷ 按▲或▼方向键选择**LCD亮度**选项，然后按▶方向键

❸ 按▲或▼方向键选择所需亮度数值，然后按 MENU/OK 按钮确认

高手点拨：同一张照片在不同的屏幕亮度设置下，在显示屏上所表现出的亮度将会有较大差异。而同一张照片只会有一个柱状图，所以利用柱状图来判断照片曝光情况是最准确的方法。

高手点拨：相机的电子取景器同样可以调整显示亮度，通过"EVF亮度"菜单可以自动或手动调整显示亮度。

自动旋转显示屏

　　"自动旋转显示屏"菜单用于控制当摄影师进行竖拍时，电子取景器和 LCD 显示屏中的拍摄指示是否根据相机的方向自动旋转。

↓ 设定步骤

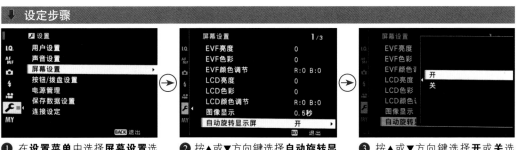

❶ 在**设置菜单**中选择**屏幕设置**选项，然后按▶方向键

❷ 按▲或▼方向键选择**自动旋转显示屏**选项，然后按▶方向键

❸ 按▲或▼方向键选择**开**或**关**选项，然后按 MENU/OK 按钮确认

电源管理

在"电源管理"菜单中可以设置自动相机关机的时间，以及改善自动对焦速度和取景器显示性能。

自动关机

在"自动关机"菜单中设置后，如果不操作相机，那么相机将会在设定的时间内自动关闭电源，从而节约电池的电量。

● 15 秒 /30 秒 /1 分 /2 分 /5 分：选择这些选项，相机将会在选择的时间内无操作状态下关闭电源。

● 关：选择此选项，则必须由摄影师手动关机。

> ⬇ 设定步骤

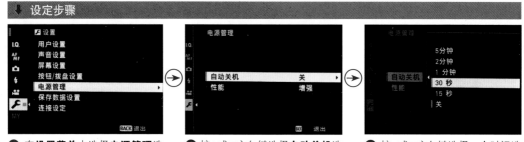

❶ 在**设置菜单**中选择**电源管理**选项，然后按▶方向键

❷ 按▲或▼方向键选择**自动关机**选项，然后按▶方向键

❸ 按▲或▼方向键选择一个时间选项，然后按 MENU/OK 按钮确认

性能

"性能"菜单用于设置相机自动对焦时的对焦速度和取景器画面的帧速率。

● 增强：选择此选项，相机的自动对焦速度会较快，而取景器画面的帧速率约为 100fps。

● 普通：选择此选项，将以普通的对焦速度进行自动对焦，而取景器画面的帧速率约为 60fps。

> ⬇ 设定步骤

❶ 在**设置菜单**中选择**电源管理**选项，然后按▶方向键

❷ 按▲或▼方向键选择**性能**选项，然后按▶方向键

❸ 按▲或▼方向键选择**增强**或**普通**选项，然后按 MENU/OK 按钮确认

> ┌ 提示 ─────
>
> X-T4相机的"性能"菜单包含增强、普通和节能三个选项。选择"节能"选项，会限制自动对焦和取景器的性能，此模式与普通模式相比，可以获得更长的电池寿命。
>
> 此外，X-T4相机的电源管理中还有一个"EVF/LCD增能设置"选项。当在"性能"菜单中选择了"增强"选项时，可以在此菜单中调整EVF和LCD显示屏的设置，可以设置EVF/LCD显示是弱光优先还是分辨率优先，或EVF帧率优先。

利用网格轻松构图

富士 X-T4/T3 相机的"取景框"功能可以为我们进行精确构图提供极大的便利，如进行严格的水平线或垂直线构图等，此菜单包含"显示 9 格""显示 24 格"和"HD 构图"3 个选项。例如要想在拍摄中采用黄金分割法构图时，就可以选择"显示 9 格"选项来辅助构图。

⬇ 设定步骤

❶ 在**设置菜单**中选择**屏幕设置**选项，然后按▶方向键

❷ 按▲或▼方向键选择**取景框**选项，然后按▶方向键

❸ 按▲或▼方向键选择一个选项，然后按 MENU/OK 按钮确认

● 显示 9 格：选择此选项，画面会被分成三等份，呈现井字形。在使用时，只需将被摄主体安排在任意一条网格线附近，即可形成良好的三分法构图。

● 显示 24 格：选择此选项，画面中会显示 6×4 网格线，在拍摄时更容易确认构图的水平程度，例如在拍摄风光、建筑时，较多的网格线可以辅助摄影者更加快速、灵活地进行构图。

● HD 构图：选择此选项，屏幕顶部和底部各显示一根线条，用户在这两根线所划分出来的区域中进行 HD 照片构图。

图像显示

为了方便拍摄后立即查看拍摄结果，可在"图像显示"菜单中设置拍摄后 LCD 显示屏显示图像的时间长度。

● 关：选择此选项，拍摄完成后相机不自动显示图像。

● 连续：选择此选项，相机会在拍摄完成后保持图像的显示状态，直至按 MENU/OK 按钮或半按快门按钮。在显示图像期间按下后指令拨盘的中央可放大显示当前对焦点，再按一次则取消放大显示。

● 1.5 秒 /0.5 秒：选择不同的选项，可以控制相机显示图像的不同时长。

 高手点拨：一般情况下，1.5 秒已经足够摄影师做出曝光准确与否的判断了。当电量不足时，建议将其设置为"关"。在图像确认的时候，半按快门可以直接返回拍摄状态。

⬇ 设定步骤

❶ 在**设置菜单**中选择**屏幕设置**选项，然后按▶方向键

❷ 按▲或▼方向键选择**图像显示**选项，然后按▶方向键

❸ 按▲或▼方向键选择一个选项，然后按 MENU/OK 按钮确认

自动旋转回放省去后期操作

当使用相机竖拍时，可以使用"自动旋转回放"功能将显示的图像旋转到所需的方向。

● 开：选择此选项，回放照片时，竖拍图像会在 LCD 显示屏上自动旋转。

● 关：选择此选项，照片不会自动旋转。

设定步骤

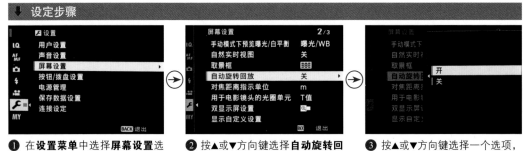

① 在**设置菜单**中选择**屏幕设置**选项，然后按▶方向键

② 按▲或▼方向键选择**自动旋转回放**选项，然后按▶方向键

③ 按▲或▼方向键选择一个选项，然后按 MENU/OK 按钮确认

显示自定义设置

在拍摄状态下，按 DISP/BACK 按钮可在取景器和 LCD 显示屏中显示拍摄信息。在默认情况下相机显示的拍摄信息有可能并不符合摄影师的需求，这时可以通过调整"显示自定义设置"菜单选项，来自定义希望显示的拍摄信息。例如，可以根据需要设置显示电子水平仪、直方图、手动对焦距离指示、胶片模拟等多种拍摄信息。

在拍摄时，用户通过浏览这些拍摄信息，可以快速判断是否需要调整拍摄参数。

设定步骤

① 在**设置菜单**中选择**屏幕设置**选项，然后按▶方向键

② 按▲或▼方向键选择**显示自定义设置**选项，然后按▶方向键

③ 按▲或▼方向键选择要显示的项目选项，然后按 MENU/OK 按钮勾选，选择完成后，按 DISP/BACK 按钮保存并退出

④ 显示电子水平仪时的自定义显示界面

设置相机控制参数

无卡拍摄

如果忘记为相机装存储卡，无论用户多么用心拍摄，最后一张照片也留不下来，白白浪费时间和精力。利用"无卡拍摄"菜单可防止未安装储存卡而进行拍摄的情况出现。

⬇ 设定步骤

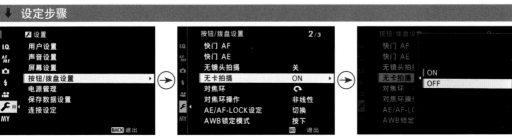

❶ 在**设置菜单**中选择**按钮/拨盘设置**选项，然后按▶方向键

❷ 按▲或▼方向键选择**无卡拍摄**选项，然后按▶方向键

❸ 按▲或▼方向键选择一个选项，然后按 MENU/OK 按钮确认

高手点拨：为了避免操作失误而导致错失拍摄良机，建议将该选项设置为"OFF"。

● ON：选择此项，相机未安装储存卡时仍然可以按下快门，但照片无法被存储。

● OFF：选择此项，如果未安装储存卡时想按下快门，则快门按钮无法被按下。

重设所有

利用"重设所有"菜单可以一次性清除拍摄菜单和设置菜单的自定义设置，免去了逐一清除的麻烦。

● 拍摄菜单重置：选择此选项，除了使用"编辑/保存自定义设置"所创建的自定义白平衡和自定义设置库外，其他所有的拍摄菜单设定将恢复为默认值。

● 设置重置：选择此选项，除了"日期时间""时差"和"连接设定"以外的其他设置菜单设定将恢复为默认值。

⬇ 设定步骤

❶ 在**设置菜单**中选择**用户设置**选项，然后按▶方向键

❷ 按▲或▼方向键选择**重设所有**选项，然后按▶方向键

❸ 按▲或▼方向键选择**拍摄菜单重置**或**设置重置**选项，然后按▶方向键，在显示的界面中选择**执行**选项，然后按 MENU/OK 按钮确认即可

┌ **提示** ─────────────────────────────────
│ X-T4相机包含静态菜单重设、视频菜单重设及设置重置三个选项。
└───

注册快速菜单项目

快速菜单中所显示的拍摄参数项目，可以在"设置菜单"中的"编辑/保存快速菜单"进行自定义注册。在此菜单中，可以将自己在拍摄时常用的拍摄参数注册到快速菜单中，以便在拍摄时快速改变这些参数。

下方展示了笔者注册"彩色效果"功能的操作步骤及注册后的快速菜单。

⬇ 设定步骤

❶ 在**设置菜单**中选择**按钮/拨盘设置**选项，然后按▶方向键

❷ 按▲或▼方向键选择**编辑/保存快速菜单**选项，然后按▶方向键

❸ 按▲、▼、◀、▶方向键选择要更换项目的位置，然后按 MENU/OK 按钮

❹ 按▲或▼方向键选择一个选项，然后按 MENU/OK 按钮确认

❺ 所选的选项成功注册到目标位置

┌ 提示 ─

在 X-T4 相机中此菜单名称为"编辑/保存快捷菜单"，且分为静态拍摄模式注册和视频拍摄模式注册。

将常用的功能注册到快速菜单，在以后拍摄时调整功能便能省事一些。『焦距：50mm ┆光圈：F8 ┆快门速度：8s ┆感光度：ISO200

自定义控制按钮

富士 X-T3 相机可以根据个人的操作习惯或临时的拍摄需求，为 Fn1~Fn6 功能按钮、上、下、左、右触摸操作（T-Fn1~T-Fn4）AE-L 按钮、AF-L 按钮、后指令拨盘的中央按钮指定不同的功能，这进一步方便了我们指定并操控相机的自定义功能。

例如，对于 Fn1 按钮而言，如果当前注册的功能为对焦确认，那么在拍摄中按下 Fn1 按钮时，则可以放大显示画面以便进行对焦确认。

❶ 在**设置菜单**中选择**按钮/拨盘设置**选项，然后按▶方向键

❷ 按▲或▼方向键选择**功能（Fn）设定**选项，然后按▶方向键

❸ 按▲或▼方向键选择一个按钮选项，然后按▶方向键

❹ 按▲或▼方向键选择一个选项，然后按 MENU/OK 按钮确认

提示

X-T30相机可以为Fn1按钮、上、下、左、右触摸操作（T-Fn1~T-Fn4）、AE-L按钮、AF-L按钮、后指令拨盘的中央按钮指定不同的功能。

提示

X-T4相机可以为Fn1~Fn6功能按钮、上、下、左、右触摸操作（T-Fn1~T-Fn4）、AEL按钮、后指令拨盘的中央按钮AF-ON、Q按钮注册功能。

将"对焦确认"功能注册到自定义键中，当在拍摄微距题材时，按该注册按钮便可以轻松查看对焦情况。『焦距：90mm ┊ 光圈：F7.1 ┊ 快门速度：1/400s ┊ 感光度：ISO250』

触摸控制

富士 X-T4/T3 相机的 LCD 显示屏支持触摸操作，用户可以触摸屏幕来进行拍摄照片、回放照片等操作。

在"触摸屏设置"菜单中，用户可以设置是否启用双击触摸、触摸功能、回放触摸等，以及使用电子取景器期间用于触控控制的 LCD 显示屏区域。如果用户不习惯触摸的操作方式，则可以选择"关"选项，从而使用传统的按钮操作方式。

⬇ 设定步骤

❶ 在**设置菜单**中选择**按钮 / 拨盘设置**选项，然后按▶方向键

❷ 按▲或▼方向键选择**触摸屏设置**选项，然后按▶方向键

❸ 按▲或▼方向键选择**❏触摸屏设置**选项，然后按▶方向键

❹ 按▲或▼方向键选择**开**或**关**触屏选项，然后按 MENU/OK 按钮确认

❺ 若在步骤❸中选择了**❏双击设置**选项，在此可以选择**开**或**关**选项，然后按 MENU/OK 按钮确认

❻ 若在步骤❸中选择了**Tfn触摸功能**选项，在此可以选择**开**或**关**选项，然后按 MENU/OK 按钮确认

❼ 若在步骤❸中选择了**▶触摸屏设置**选项，在此可以选择**开**或**关**选项，然后按 MENU/OK 按钮确认

❽ 若在步骤❸中选择了 **EVF 触摸屏区域设置**选项，在此可以选择一个触摸控制区域选项，然后按 MENU/OK 按钮确认

● **✿触摸屏设置**：选择是否在拍摄时启用触摸控制功能。选择"开"选项，触控控制功能启用，将可以在 LCD 显示屏上进行触摸操作；选择"关"选项，触控控制禁用，无法通过触摸 LCD 显示屏进行操作。

● **✿双击设置**：选择是否启用双击触摸控制功能。

● **T-Fn触摸功能**：选择是否启用向上轻拨（T-Fn1）、向左轻拨（T-Fn2）、向右轻拨（T-Fn3）、向下轻拨（T-Fn4）这 4 种触摸控制功能。

● **▶触摸功能**：选择是否启用回放时的触摸控制功能。

● **EVF 触摸屏区域设置**：选择在电子取景器激活期间，用于触控控制的 LCD 显示屏区域。选择相应的区域，则触控控制在对应区域内起作用；选择"关"选项，则可在取景器激活期间禁用触控控制。

触摸屏模式

当开启"触控控制"功能后，可以通过"触摸屏模式"选择所执行的操作。包含"触控拍摄""AF""区域"和"关闭"4 个选项。

↓ 设定步骤

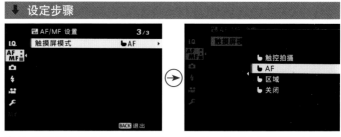

❶ 在 **AF/MF 设置**中选择**触摸屏模式**选项，然后按▶方向键

❷ 按▲或▼方向键选择一个选项，然后按 MENU/OK 按钮确认

选项	静态摄影	录制视频
触控拍摄	轻触屏幕中的拍摄对象便可对焦并释放快门拍摄。在连拍模式下，按住屏幕期间将连续拍摄照片。	轻触屏幕中的拍摄对象即可对焦并开始录制。
AF	在 AF-S对焦模式下，轻触屏幕中的拍摄对象时相机将进行对焦，对焦成功后会锁定，直至轻触 AF OFF图标。 在AF-C对焦模式下，轻触拍摄对象时相机会启动对焦，然后持续追踪对焦拍摄对象，直至轻触 AF OFF 图标。 在手动对焦模式（MF）下，可轻触屏幕使用自动对焦以对焦于所选拍摄对象。	轻触屏幕可使相机对焦于所选点。 在AF-S对焦模式下，可随时轻触屏幕中的拍摄对象重新进行对焦。 在AF-C对焦模式下，相机将根据与所选点中的拍摄对象之间距离的变化持续调整对焦。 在MF手动对焦模式下，轻触屏幕时，相机将使用自动对焦进行对焦；在录制过程中，可再次轻触屏幕将对焦区域移至新的位置。
区域	轻触可选择一个对焦点进行对焦或变焦。	轻触可定位对焦区域。 在AF-S对焦模式下，可随时轻触屏幕中的拍摄对象重新定位对焦区域。若要进行对焦，需按下被指定AF-ON功能的按钮。 在AF-C对焦模式下，相机将根据与通过轻触屏幕所选点中的拍摄对象之间距离的变化持续调整对焦。 在MF手动对焦模式下，可轻触屏幕将对焦区域置于拍摄对象上。
关闭	将禁用触控对焦和拍摄。	将禁用触控对焦和拍摄。

设置影像存储参数

根据照片的用途设置画质

在拍摄过程中，根据照片的用途及后期处理要求，可以通过"图像质量"菜单设置照片的保存格式与品质。如果是用于专业用途或希望为后期调整留出较大的空间，则应采用 RAW 格式；如果只是日常记录或是要求不太严格的拍摄，使用 JPEG 格式即可。

采用 JPEG 格式拍摄的优点是文件占用空间小、通用性高，适用于网络发布、家庭照片洗印等用途，而且可以使用多种软件对其进行编辑处理。虽然压缩率较高，损失了较多的细节，但肉眼基本看不出来，因此是一种最常用的文件存储格式。

RAW 格式则是一种数码相机专属格式，它充分记录了拍摄时的各种原始数据，因此具有极大的后期调整空间，但必须使用专用的软件进行处理，如 Photoshop、捕影工匠等，经过后期转换格式后才能够输出照片，因而在专业摄影领域常使用此格式进行拍摄。其缺点是文件容量特别大，尤其在连拍时会极大地降低连拍的数量。

在"图像质量"菜单中包括"FINE""NORMAL""FINE+RAW""NORMAL+RAW""RAW"等选项。虽然菜单中列出了五个选项，但实际上只是两种照片存储格式的组合，即 JPEG 与 RAW。

● FINE（精细）：选择此选项，以 JPEG 格式压缩图像。一般情况下拍摄，建议选择"精细"选项，不仅可以提供更好的图像质量，对于简单、没有高要求的后期处理也是有良好表现的。

● NORMAL（标准）：选择此选项，以 JPEG 格式压缩图像。以比"精细"更高的压缩率压缩文件尺寸，这样可以在 1 张存储卡上记录更多的文件，但是图像质量会略有降低，在拍摄高速连拍（如体育摄影）或需大量拍摄（旅游纪念、纪实摄影）时，"标准"格式是最佳之选。

● FINE+RAW：选择此选项，同时创建 RAW 格式照片和 JPEG 格式精细质量的照片，兼备 RAW 格式与 JPEG 格式两者的优点，JPEG 格式照片方便浏览，RAW 格式照片用于后期编辑。

● NORMAL+RAW：选择此选项，将记录两张照片，即一张 RAW 照片和一张标准品质的 JPEG 照片。

● RAW：选择此选项，将使用 RAW 格式记录照片，此格式记录的是照片的原始数据，因此后期调整空间极大。

设定步骤

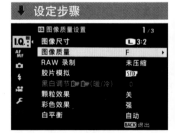

❶ 在**图像质量设置菜单**中选择**图像质量**选项，然后按▶方向键

❷ 按▲或▼方向键选择一个选项，然后按 MENU/OK 按钮确认

 高手点拨：如果Photoshop软件无法打开使用富士X-T4/T3拍摄并保存的后缀名为.RAF的RAW格式文件，则需要升级Adobe CameraRaw插件。该插件会根据新发布的相机型号，及时地推出更新升级包，以确保能够打开使用各种相机拍摄的RAW格式文件。

▲ 小图是使用 RAW 格式拍摄的原图，大图是后期调整后的效果，可以看出两者的差别非常明显『焦距：200mm ┊光圈：F5.6 ┊快门速度：1/640s ┊感光度：ISO200』

Q：什么是 RAW 格式文件？

A：简单地说，RAW 格式文件就是一种数码照片文件格式，包含了数码相机传感器中未处理的图像数据，相机不会处理来自传感器的色彩分离的原始数据，仅将这些数据保存在存储卡上，这意味着相机将（所看到的）全部信息都保存在图像文件中。采用 RAW 格式拍摄时，数码相机仅保存 RAW 格式图像和 EXIF 信息（相机型号、所使用的镜头、以及焦距、光圈、快门速度等），摄影师设定的相机预设值（例如对比度、饱和度、清晰度和色调等）都不会影响所记录的图像数据。

Q：使用 RAW 格式拍摄的优点有哪些？

A：使用 RAW 格式拍摄的优点如下：

● 可将相机中的许多照片后期工作转移到计算机上进行，从而可进行更细致的处理，包括白平衡调节、高光区、阴影区和低光区调节，以及清晰度、饱和度控制等。对于非 RAW 格式文件而言，由于在相机内处理图像时，已经应用了白平衡设置，想要无损改变是不可能的。

● 可以使用最原始的图像数据（直接来自传感器），而不是经过处理的信息，这毫无疑问将获得更好的效果。

● 可利用 14 位图片文件进行高位编辑，这意味着具有更多的色调，可使用的数据更多，可以使最终的照片获得更平滑的色彩梯度和色调过渡。

Q：后期处理能够调整照片高光中极白或阴影中极黑的区域吗？

A：虽然以 RAW 格式存储的照片，可以在后期软件中对超过标准曝光 ±2 挡的画面进行有效修复，但是对于照片中高光处所出现的极白区域或阴影处所出现的极黑区域，即使在最好的后期软件中也无法恢复其中的细节，因此在拍摄时要尽可能地确定好画面的曝光量，或通过调整构图，使画面中避免出现极白或极黑的区域。

根据用途及存储空间设置图像尺寸

　　图像尺寸直接影响着最终输出照片的大小，通常情况下，只要存储卡空间足够，就建议使用较大的尺寸来保存照片。

　　从最终用途来看，如果照片用于印刷、洗印，推荐使用大尺寸记录；如果只是用于网络发布、简单的记录或在存储卡空间不足时，则可以根据情况选择较小的照片尺寸。

　　照片的纵横比与构图的关系密切，不同的纵横比会给画面带来不同的视觉感受，灵活使用纵横比可以使构图更完美，例如在拍摄广角镜头的风光时，使用 16：9 拍摄的照片明显要比使用 3：2 拍摄的照片要显得更宽广或更深邃。

　　纵横比为 3：2 的照片，其显示比例与 35mm 胶片画面相同，而纵横比为 16：9 的照片则适合在宽屏电脑显示器或高清电视上查看，纵横比为 1：1 的照片则是方形的。

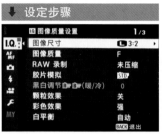

❶ 在**图像质量设置菜单**中选择**图像尺寸**选项，然后按▶方向键

❷ 按▲或▼方向键选择一个选项，然后按 MENU/OK 按钮确认

RAW 录制

　　该选项用于选择 RAW 图像的压缩类型。

● 未压缩：选择此选项，RAW 图像不会压缩。

● 无损压缩：选择此选项，将使用可逆算法压缩 RAW 图像，这样可以减少文件大小并且不会丢失图像数据。摄影师可使用 RAW FILECONVERTER EX、FUJIFILM X RAWSTUDIO 或支持 RAW "无损"压缩的其他软件查看压缩图像。

❶ 在**图像质量设置菜单**中选择 RAW 录制选项，然后按▶方向键

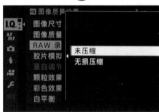

❷ 按▲或▼方向键选择所需选项，然后按 MENU/OK 按钮确认

> **提示**
>
> 　　X-T4相机还有一个"压缩"选项，该模式以"lossy"（有损）方式压缩RAW图像，压缩后图像质量与"未压缩"基本相同，但文件大小将大约缩小50%~70%。

运动取景模式

虽然富士 X-T3 是 APS-C 画幅的相机，但它还具有裁切取景功能。

在"运动取景器模式"菜单中选择"开"选项，可以使富士 X-T3 相机仅使用传感器的中间部分进行拍摄，从而以图像裁剪的形式拍摄更远处的对象。

不过，启用此功能后，照片的图像尺寸将固定为 M 尺寸，并且在提供电子快门的模式下不可用。

●开：选择此选项，相机使用1.25×裁切画面拍摄照片，从而以相当于增加镜头焦距至1.25×的量减小照片视角；裁切区域会在屏幕中以方框显示。

●关：选择此选项，禁用1.25×裁切功能。

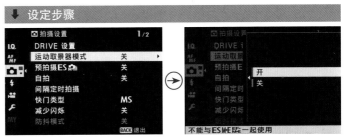

① 设定步骤

① 在**拍摄设置菜单**中选择**运动取景器模式**选项，然后按▶方向键

② 按▲或▼方向键选择**开**或**关**选项，然后按 MENU/OK 按钮确认

Q：在实际拍摄时，选择"开"选项的具体好处是什么？

A：当使用常规 APS-C 格式拍摄照片时，富士 X-T3 以相当于约 1.5 倍（APS-C 画幅的焦距转换系数）原镜头焦距进行拍摄。但如果选择"开"选项，就能够使富士 X-T3 以相当于原镜头 2 倍的焦距进行拍摄，并仍能具有高达约 1300 万有效像素。例如，原本最长焦距为 200mm 的镜头，经过裁切可以具有 400mm 焦距的望远拍摄效果，因此能够拍摄到更远处的对象。如果经常拍摄鸟类、动物等题材，可以尝试使用此功能。

提示

在X-T4、X-T30相机中此菜单名称为"运动取景器模式"。

使用长焦镜头和运动取景模式拍摄天鹅，得到了主体更为突出的画面
『焦距：300mm ┊ 光圈：F5.6 ┊ 快门速度：1/640s ┊ 感光度：ISO500』

设置第二卡槽中存储卡的作用

当在第二插槽中插入存储卡时，利用"卡槽设置（静态图像）"菜单可以选择第二插槽中存储卡的功能。

● 依次：选择此选项，仅当第一插槽中的存储卡中卡已满时才会使用第二插槽中的存储卡。

● 备份：选择此选项，所拍摄的每张照片会在每张存储卡中各保存一份。

● RAW / JPEG：选择此选项，RAW 照片将保存至第一插槽的存储卡，JPEG 照片则保存至第二插槽的存储卡。

设定步骤

❶ 在**设置菜单**中选择**保存数据设置**选项，然后按▶方向键

❷ 按▲或▼方向键选择**卡槽设置（静态图像）**选项，然后按▶方向键

❸ 按▲或▼方向键选择一个选项，然后按 MENU/OK 按钮确认

选择优先存储的卡槽

当在"卡槽设置（静态图像）"菜单中选择"依次"选项时，通过此菜单可以设定拍摄照片时优先存储的存储卡。

> **提示**
> X-T30相机没有"卡槽设置（静态图像）"和"选择卡槽（●顺序）"功能。

设定步骤

❶ 在**设置菜单**中选择**保存数据设置**选项，然后按▶方向键

❷ 按▲或▼方向键选择**选择卡槽（●顺序）**选项，然后按▶方向键

❸ 按▲或▼方向键选择一个选项，然后按 MENU/OK 按钮确认

格式化存储卡

"格式化"功能用于删除储存卡内的全部数据。一般在新购买储存卡后，应在正式拍摄前对其进行格式化。格式化存储卡会将保护的照片也一并删除，因此在操作前要特别注意。

设定步骤

❶ 在**设置菜单**中选择**用户设置**选项，然后按▶方向键

❷ 按▲或▼方向键选择**格式化**选项并按▶方向键，选择所要格式化的卡槽，然后按MENU/OK按钮确认

随拍随赏：拍摄后查看照片

回放照片的基本操作

　　在回放照片时，我们可以进行放大、缩小、显示信息、前翻、后翻及删除照片等多种操作，下面通过图示来说明回放照片的基本操作方法。

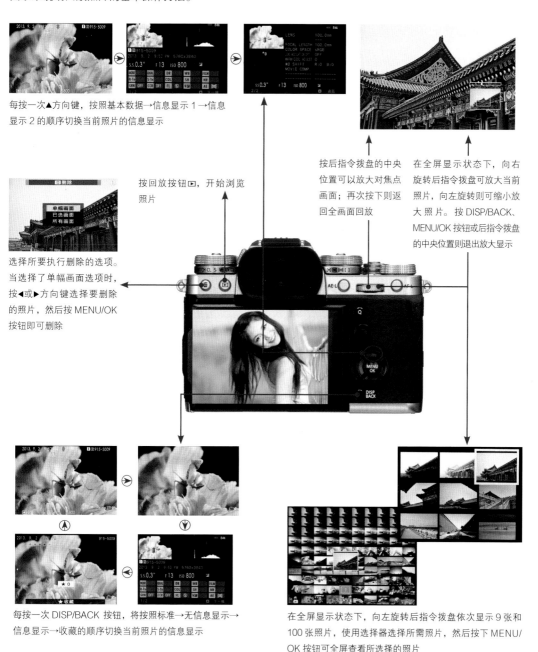

每按一次▲方向键，按照基本数据→信息显示 1 →信息显示 2 的顺序切换当前照片的信息显示

按后指令拨盘的中央位置可以放大对焦点画面；再次按下则返回全画面回放

在全屏显示状态下，向右旋转后指令拨盘可放大当前照片，向左旋转则可缩小放大照片。按 DISP/BACK、MENU/OK 按钮或后指令拨盘的中央位置则退出放大显示

按回放按钮▶，开始浏览照片

选择所要执行删除的选项。当选择了单幅画面选项时，按◀或▶方向键选择要删除的照片，然后按 MENU/OK按钮即可删除

每按一次 DISP/BACK 按钮，将按照标准→无信息显示→信息显示→收藏的顺序切换当前照片的信息显示

在全屏显示状态下，向左旋转后指令拨盘依次显示 9 张和100 张照片，使用选择器选择所需照片，然后按下 MENU/OK 按钮可全屏查看所选择的照片

对照片进行裁剪

富士 X-T4/T3 相机提供了十分方便的机内裁剪功能，使摄影师可以在相机中直接裁剪出所需要的画面。在回放照片时，选择需要裁剪的照片，然后按 MENU/OK 按钮，选择"播放菜单"中的"裁剪"功能。

设定步骤

❶ 在**播放菜单**中选择**裁剪**选项，然后按▶方向键

❷ 将显示照片裁剪画面，此时可以转动后指令拨盘进行放大或缩小

❸ 放大到所需尺寸时，可以根据导航窗口，通过按▲、▼、◀、▶方向键滚动照片，直到显示所需部分，然后按MENU/OK按钮

❹ 再次按 MENU/OK 按钮确认是否记录照片副本

❺ 裁剪后的照片效果

高手点拨：裁剪所包含的区域越大，则副本的文件尺寸越大，裁剪后的副本照片均为 3∶2 的纵横比。

及时保护漂亮的照片

使用"保护"功能可以将存储卡中重要的、优秀的照片保护起来，防止其被意外删除。

被选中保护的照片会显示锁定图标，表示该照片已被保护。

高手点拨：如果对存储卡进行格式化，那么即使照片被保护，也会被删除。

设定步骤

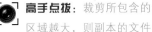

❶ 在**播放菜单**中选择**保护**选项，然后按▶方向键

❷ 按▲或▼方向键选择**画面 设定/解除**选项，然后按MENU/OK按钮

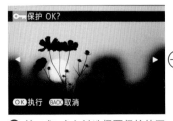

❸ 按◀或▶方向键选择要保护的图像，然后按MENU/OK确认

❹ 受保护的照片会在照片上会显示锁定图标

对 RAW 照片进行处理

富士 X-T4/T3 相机具有 RAW 格式照片机内处理功能，通过选择 "RAW 处理" 菜单选项，摄影师可以调整 RAW 照片的曝光补偿、白平衡、画质、色彩等参数。

● 反映拍摄条件：选择此选项，不做任何调整，以拍摄时相机的参数创建 JPEG 副本。

● 图像尺寸：选择此选项，可以根据需求选择一个图像尺寸。

● 图像质量：选择此选项，可以根据需求选择一个图像质量。

● 增感 / 减感处理：选择此选项，可以以 1/3 EV 为步长，在 -1 EV 至 +3 EV 之间调整画面的曝光。

● 动态范围：选择此选项，可以增强高光区域中的细节，以获取自然对比度。

● D 动态范围优先级：选择此选项，可以减少高对比度照片中的高光和阴影的细节丢失，从而获得自然的效果。

● 胶片模拟：选择此选项，可以选择模拟使用不同类型的胶片拍摄的效果。

● 黑白调节 **A B**（暖 / 冷）：选择此选项，可以在黑白效果的照片中添加一份暖色或冷色氛围。

● 颗粒效果：选择此选项，可以为照片添加一种胶片灰度效果。

● 彩色效果：选择此选项，可以加深照片中阴影部分的色彩。

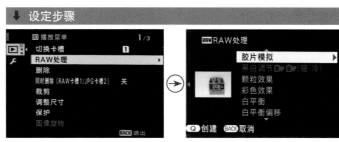

设定步骤

❶ 在**播放菜单**中选择**RAW处理**选项，然后按▶方向键

❷ 按▲或▼方向键选择一个选项，然后按▶方向键（此处以选择胶片模拟选项为例）

❸ 按▲或▼方向键选择所需设置，然后按MENU/OK按钮确认并返回设定列表。可根据要求修改其他选项

❹ 所有修改完成后按 Q 按钮将创建照片副本预览，确认效果后按 MENU/OK 按钮保存

● 白平衡：选择此选项，可以为照片重新选择白平衡模式。

● 白平衡偏移：选择此选项，可以微调白平衡，以轻微改变照片色调。

● 高光色调：选择此选项，可以改善画面的高光部分，使高光区域更突出。在拍摄反光较弱的对象时，可以利用此选项，增强拍摄对象的反光效果。

● 阴影色调：选择此选项，可以改善画面的阴影区域。

● 色彩：选择此选项，可以调整画面的色彩浓度。

● 锐度：选择此选项，可以锐化或柔化画面轮廓。

● 降噪功能：选择此选项，可以减少噪点。

● 镜头调整优化器：选择此选项，可以对画面调整衍射和镜头边缘的轻微失焦带来的画质下降，以提高清晰度。

● 色彩空间：选择此选项，可以选择不同的色彩空间。

提示

X-T4相机还可以修改文件类型、彩色FX蓝色、色调曲线、高ISO降噪、清晰度及HDR。没有高光色调和阴影色调选项，X-T4相机中的"色调曲线"选项即是这两种色调的合并调整。

第 3 章 必须掌握的
基本曝光设置

设置光圈控制曝光与景深

光圈的结构

　　光圈是相机镜头内部的一个组件，它由许多金属薄片组成，金属薄片不是固定的，通过改变它的开启程度可以控制进入镜头光线的多少。光圈开启得越大，通光量就越多；光圈开启得越小，通光量就越少。摄影师可以仔细对着镜头观察在选择不同光圈时叶片大小的变化。

 高手点拨：虽然光圈数值是在相机上设置的，但其可调整的范围却是由镜头决定的，即镜头支持的最大及最小光圈，就是在相机上可以设置的上限和下限。镜头可支持的光圈越大，则相机在同一时间内就可以吸收更多的光线，从而允许我们在更暗的环境中进行拍摄；当然，光圈越大的镜头，其价格也越贵。

F2.8　　　　F5.6　　　　F11　　　　F22

▲ 光圈是控制相机通光量的装置，光圈越大（F2.8），通光量越多；光圈越小（F22），通光量越少

▲ XF 16–55mmF2.8 R LM WR　　▲ XF 56mmF1.2 R APD　　▲ XF 55–200mm F3.5–4.8 R LM OIS

　　上面展示的 3 款镜头中，富士龙 XF 56mmF1.2 R APD 是定焦镜头，其最大光圈为 F1.2；富士龙 XF 16–55mmF2.8 R LM WR 为恒定光圈的变焦镜头，无论使用那一个焦段进行拍摄，其最大光圈都能够达到 F2.8；富士龙 XF 55-200mmF3.5-4.8 R LM OIS 是浮动光圈的变焦镜头，当使用镜头的广角端（55mm）拍摄时，最大光圈可以达到 F3.5，而当使用镜头的长焦端（200mm）拍摄时，最大光圈只能够达到 F4.8。

　　当然，上述 3 款镜头也均有最小光圈值，XF 16-55mmF2.8 R LM WR、XF 55-200mmF3.5-4.8 R LM OIS 的最小光圈为 F22，XF 56mmF1.2 R APD 的最小光圈为 F16。

▲ 通过镜头的底部可以看到镜头内部的光圈金属薄片

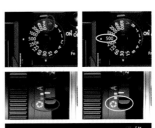

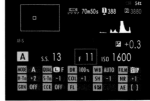

▶ 设定方法

选择 A 挡光圈优先或 M 全手动曝光模式。在使用 A 挡光圈优先和 M 挡全手动曝光模式拍摄时，转动镜头光圈环来调整光圈大小。

光圈值的表现形式

光圈值用字母 F 或 f 表示，如 F8（或 f/8）。常见的光圈值有 F1.4、F2、F2.8、F4、F5.6、F8、F11、F16、F22、F32、F36 等，光圈每递进一挡，光圈口径就会缩小一部分，通光量也随之减半。例如，F5.6 光圈的进光量是 F8 的两倍。

当前我们能见到的光圈数值还包括 F1.2、F2.2、F2.5、F6.3 等，但这些数值不包含在光圈正级数之内，这是因为各镜头厂商都在每级光圈之间插入了 1/2（如 F1.2、F1.8、F2.5、F3.5 等）和 1/3（如 F1.1、F1.2、F1.6、F1.8、F2、F2.2、F2.5、F3.2、F3.5、F4.5、F5.0、F6.3、F7.1 等）变化的副级数光圈，以便更加精确地控制曝光程度，使画面的曝光更加准确。

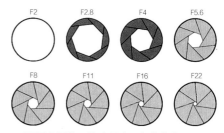

▲ 不同光圈值下镜头通光口径的变化

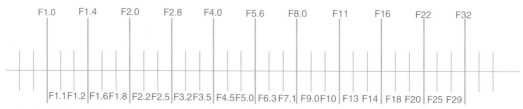

▲ 光圈级数刻度示意图，上排为光圈正级数，下排为光圈副级数

光圈对成像质量的影响

通常情况下，摄影师都会选择比镜头最大光圈小一至两挡的中等光圈，因为大多数镜头在中等光圈下的成像质量是最优秀的，照片的色彩和层次都能有更好的表现。例如，一只最大光圈为 F2.8 的镜头，其最佳成像光圈为 F5.6 ～ F8。另外，也不能使用过小的光圈，因为过小的光圈会使光线在镜头中产生衍射效应，导致画面质量下降。

Q：什么是衍射效应？

A：衍射是指当光线穿过镜头光圈时，光在传播的过程中发生弯曲的现象。光线通过的孔隙越小，光的波长越长，这种现象就越明显。因此，在拍摄时光圈收得越小，被记录的光线中衍射光所占的比例就越大，画面的细节损失就越多，画面就越不清楚。衍射效应对 APS-C 画幅数码相机和全画幅数码相机的影响程度稍有不同，通常 APS-C 画幅数码相机在光圈收小到 F11 时，就能发现衍射效应对画质产生了影响；而全画幅数码相机在光圈收小到 F16 时，才能够看到衍射效应对画质产生了影响。

▲ 使用镜头最佳光圈拍摄时，所得到的照片画质最为理想『焦距：18mm ┆ 光圈：F11 ┆ 快门速度：1/250s ┆ 感光度：ISO200 』

光圈对曝光的影响

如前所述，在其他参数不变的情况下，光圈增大一挡，则曝光量增加一倍，例如光圈从 F4 增大至 F2.8，即可增加一倍的曝光量；反之，光圈减小一挡，则曝光量也随之减少一半。换言之，光圈开得越大，通光量就越多，所拍摄出来的照片越明亮；光圈开得越小，通光量就越少，所拍摄出来的照片也就越暗淡。

下面是在焦距为 60mm、快门速度为 1/40s、感光度为 ISO800 的特定参数下，只改变光圈值拍摄的一组照片。

▲ 光圈：F10

▲ 光圈：F8

▲ 光圈：F6.3

▲ 光圈：F5.6

▲ 光圈：F3.5

▲ 光圈：F2.8

通过这一组照片可以看出，在其他曝光参数不变的情况下，随着光圈逐渐变大，进入镜头的光线不断增多，所拍摄出来的画面也在逐渐变亮。

理解景深

简单来说，景深即指对焦位置前后的清晰范围。清晰范围越大，即表示景深越大；反之，清晰范围越小，即表示景深越小，画面中的虚化效果就越好。

景深的大小与光圈、焦距及拍摄距离这3个要素密切相关。当拍摄者与被摄对象之间的距离非常近，或者使用长焦距或大光圈拍摄时，都能得到对比强烈的背景虚化效果；反之，当拍摄者与被摄对象之间的距离较远，或者使用小光圈或较短焦距拍摄时，画面的虚化效果就会较差。

另外，被摄对象与背景之间的距离也是影响背景虚化程度的重要因素。例如，当被摄对象距离背景较近时，即使使用F1.8的大光圈也不能得到很好的背景虚化效果；但被摄对象距离背景较远时，即使使用F8的光圈，也能获得较明显的虚化效果。

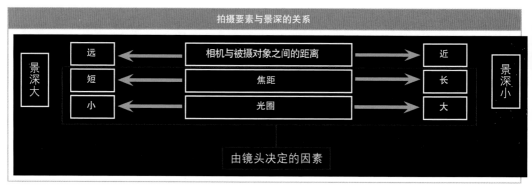

Q：景深与对焦点的位置有什么关系？

A：景深是指照片中某个景物清晰的范围。即当摄影师将镜头对焦于某个点并拍摄后，在照片中与该点处于同一平面的景物都是清晰的，而位于该点前方和后方的景物则由于没有对焦，因此都是模糊的。但由于人眼不能精确地辨别焦点前方和后方出现的轻微模糊，因此这部分图像看上去仍然是清晰的，这种清晰会一直在照片中从焦点向前、向后延伸，直至景物看上去变得模糊到不可接受，而这个可接受的清晰范围，就是景深。

Q：什么是焦平面？

A：如前所述，当摄影师将镜头对焦于某个点拍摄时，在照片中与该点处于同一平面的景物都是清晰的，而位于该点前方和后方的景物则都是模糊的，这个清晰的平面就是成像焦平面。如果摄影师的相机位置不变，当被摄对象在可视区域内的焦平面做水平运动时，成像始终是清晰的；但如果其向前或向后移动，则由于脱离了成像焦平面，因此会出现一定程度的模糊，景物模糊的程度与其距焦平面的距离成正比。

▲ 虽然对焦点在中间的财神爷玩偶上，但由于另外两个玩偶与其在同一个焦平面上，因此3个玩偶均是清晰的

▲ 虽然对焦点仍然在中间的财神爷玩偶上，但由于另外两个玩偶与其不在同一个焦平面上，因此另外两个玩偶是模糊的

光圈对景深的影响

光圈是控制景深（背景虚化程度）的重要因素。即在相机焦距不变的情况下，光圈越大，景深越小；反之，光圈越小，景深就越大。如果在拍摄时想通过控制景深的大小来使自己的作品更有艺术效果，就要学会合理使用大光圈和小光圈。

在包括富士 X-T4/T3 在内的所有数码微单相机中，都有光圈优先曝光模式，配合上面的理论，通过调整光圈数值的大小，即可拍摄不同的对象或表现不同的主题。例如，大光圈主要用于人像摄影、微距摄影等，通过虚化背景来突出主体；小光圈主要用于风景摄影、建筑摄影、纪实摄影等，以便使画面中的所有景物都能清晰呈现。

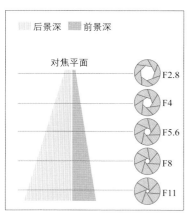

▲ 从示例图可以看出，光圈越大，图片中的前、后景深越小；光圈越小，图片中的前、后景深越大，其中，后景深又是前景深的两倍

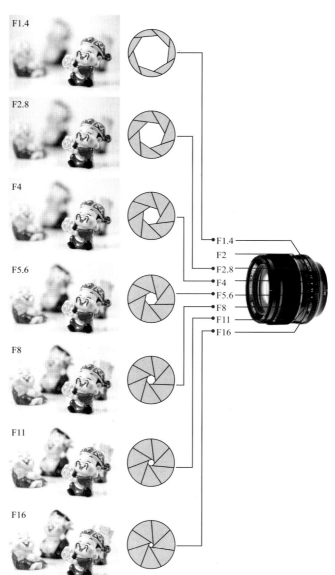

▲ 从示例图可以看出，当光圈从 F1.4 逐渐缩小到 F16 时，画面的景深逐渐变大，也就是使用的光圈越小，画面中处于后方的玩偶就越清晰

Q：焦外效果跟光圈有什么必然的关系吗？

A：焦外效果跟焦段、距离、光圈都有关系，但在前两者相同的情况下，镜头的光圈叶片越多、越圆，实际拍摄后的焦外效果就越圆润、越好看。正因为如此，光圈叶片的数量与形状是评定镜头优劣的重要指标。

焦距对景深的影响

在其他条件不变的情况下，拍摄时所使用的焦距越长，则画面的景深越小，可以得到更强烈的虚化效果；反之，焦距越短，则画面的景深越大，越容易呈现主体前后都清晰的画面效果。

▲ 通过将使用从广角到长焦的焦距拍摄的花卉照片对比可以看出，焦距越长，则主体越清晰，画面的景深越小

高手点拨：焦距越短，视角越广，其透视变形也越严重，而且越靠近画面边缘，变形就越严重，因此，在构图时要特别注意这一点。尤其在拍摄人像时，要尽可能将人物肢体置于画面的中间位置，特别是人物的面部，以免发生变形而影响美观。另外，对于定焦镜头来说，我们只能通过相机前后的移动来改变相对的"焦距"，即画面的取景范围，拍摄者越靠近被摄对象，就相当于使用了更长的焦距，此时同样可以得到更小的景深。

拍摄距离对景深的影响

在其他条件不变的情况下，拍摄者与被摄对象之间的距离越近，越容易得到小景深的强烈虚化效果；反之，如果拍摄者与被摄对象之间的距离较远，则不容易得到虚化效果。

这一点在使用微距镜头拍摄时体现得更为明显，当镜头离被摄体很近的时候，画面中的清晰范围就变得非常小。因此，在人像摄影中，为了获得较小的景深，经常采取靠近被摄者拍摄的方法。

下面为一组在所有拍摄参数都不变的情况下，只改变镜头与被摄对象之间的距离时拍摄得到的照片。

通过左侧展示的一组照片可以看出，当镜头距离主体位置的玩偶越远时，其背景的模糊效果也越差。

背景与被摄对象的距离对景深的影响

在其他条件不变的情况下，画面中的背景与被摄对象之间的距离越远，则越容易得到小景深的强烈虚化效果；反之，如果画面中的背景与被摄对象位于同一个焦平面上，或者非常靠近，则不容易得到虚化效果。

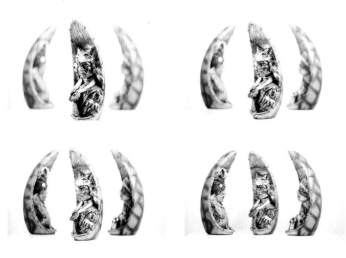

左侧为一组在所有拍摄参数都不变的情况下，只改变被摄对象距离背景的远近拍出的照片。

通过左侧展示的一组照片可以看出，在镜头位置不变的情况下，随着前面的木偶与后面的两个木偶之间的距离越来越近，后面的木偶虚化程度也越来越低。

设置快门速度控制曝光时间

快门与快门速度的含义

简单来说，快门的作用就是控制曝光时间的长短。在按下快门按钮之时，从快门前帘开始移动到后帘结束所用的时间就是快门速度，这段时间实际上也就是相机感光元件的曝光时间。所以快门速度决定曝光时间的长短，快门速度越快，曝光时间就越短，曝光量也越少；快门速度越慢，曝光时间就越长，曝光量也越多。

快门速度的表示方法

快门速度以秒为单位，一般入门级及中端微单相机的快门速度在 1/4000~30s，而专业或准专业相机的最高快门速度能够达到1/8000s，可以满足更多题材和场景的拍摄要求。作为富士 APS-C 画幅的 X-T4/T3 最高机械快门速度为 1/8000s，而富士 X-T30 相机的最高机械快门速度为 1/4000s。

在拍摄中常用的快门速度有 30s、15s、8s、4s、2s、1s、1/2s、1/4s、1/8s、1/15s、1/30s、1/60s、1/125s、1/250s、1/500s、1/1000s、1/4000s 等。

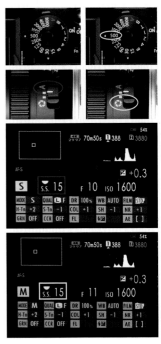

■▶ 设定方法

选择 M 全手动或 S 快门优先曝光模式。在使用 M 挡或 S 挡曝光模式拍摄时，按下快门速度拨盘锁定释放按钮并旋转快门速度拨盘选择所需快门速度值，旋转后指令拨盘可以以 1/3 EV 为步长微调快门速度。

┌─ 提示 ─
　X-T30 相机直接转动快门速度拨盘便可选择快门速度值，旋转后指令拨盘可以以 1/3 EV 为步长微调快门速度。
└─────

◀ 利用高速快门将起飞的鸟儿定格住，拍摄出很有动感效果的画面『焦距：400mm ┊光圈：F6.3 ┊快门速度：1/500s ┊感光度：ISO400』

快门速度对曝光的影响

如前面所述,快门速度的快慢决定了曝光量的多少,在其他条件不变的情况下,快门速度每变化一倍,曝光量也会变化一倍。例如,当快门速度由 1/125s 变为 1/60s 时,由于快门速度慢了一半,曝光时间增加了一倍,因此进入相机的总曝光量也随之增加了一倍。从下面展示的一组照片可以发现,在光圈与 ISO 感光度数值不变的情况下,快门速度越慢,则曝光时间越长,画面感光就越充分,所以画面也越亮。

下面是一组在焦距为 24mm、光圈为 F2.8、感光度为 ISO800 的特定参数下,只改变快门速度拍摄的照片。

▲ 快门速度:1/60s

▲ 快门速度:1/50s

▲ 快门速度:1/40s

▲ 快门速度:1/30s

▲ 快门速度:1/25s

▲ 快门速度:1/20s

▲ 快门速度:1/15s

通过这一组照片可以看出,在其他曝光参数不变的情况下,随着快门速度逐渐变慢,进入镜头的光线不断增多,因此所拍摄出来的画面也逐渐变亮。

影响快门速度的三大要素

影响快门速度的要素包括光圈、感光度及曝光补偿,它们对快门速度的影响如下:

● 感光度:感光度每增加一倍(例如从 ISO100 增加到 ISO200),感光元件对光线的敏锐度会随之增加一倍,同时,快门速度会提高一倍。

● 光圈:光圈每提高一挡(如从 F4 增加到 F2.8),快门速度便提高一倍。

● 曝光补偿:曝光补偿数值每增加 1 挡,由于需要更长时间的曝光来提亮照片,因此快门速度将降低一半;反之,曝光补偿数值每降低 1 挡,由于照片不需要更多的曝光,因此快门速度可以提高一倍。

快门速度对画面效果的影响

快门速度不仅影响进光量，还会影响画面的动感效果。当拍摄静止的景物时，快门的快慢对画面不会有什么影响，除非摄影师在拍摄时有意摆动镜头；但当拍摄动态的景物时，不同的快门速度能够营造出不一样的画面效果。

右侧照片是在焦距、感光度都不变的情况下，只是将快门速度依次调慢所拍摄的。

对比这一组照片，可以看到当快门速度较快时，水流被定格成相对清晰的影像，但当快门速度逐渐降低时，流动的水流在画面中渐渐产生模糊的效果。

由上述可见，如果希望在画面中凝固运动着的拍摄对象的精彩瞬间，应该使用高速快门。拍摄对象的运动速度越高，采用的快门速度也要越快，以便在画面中凝固运动对象，形成一种时间突然停滞的静止效果。

但如果希望在画面中表现运动着的拍摄对象的动态模糊效果，可以使用低速快门，以使其在画面中形成动态模糊效果，较好地表现出生动的效果，按此方法拍摄流水、夜间的车流轨迹、风中摇摆的植物、流动的人群，均能够得到画面效果流畅、生动的照片。

▲ 光圈：F2.8 快门速度：1/80s 感光度：ISO50

▲ 光圈：F9 快门速度：1/8s 感光度：ISO50

▲ 光圈：F14 快门速度：1/3s 感光度：ISO50

▲ 光圈：F20 快门速度：0.8s 感光度：ISO50

▲ 光圈：F22 快门速度：1s 感光度：ISO50

▲ 光圈：F25 快门速度：1.3s 感光度：ISO50

▲ 采用高速快门定格住跳跃在空中的小男孩『焦距：80mm ┊光圈：F4 ┊快门速度：1/500s ┊感光度：ISO200』

▲ 采用低速快门记录城市夜间的车流轨迹『焦距：28mm ┊光圈：F16 ┊快门速度：15s ┊感光度：ISO100』

依据对象的运动情况设置快门速度

在设置快门速度时，应综合考虑被摄对象的运动速度、运动方向，以及摄影师与被摄对象之间的距离这 3 个基本要素。

被摄对象的运动速度

不同的照片表现形式，拍摄时所需要的快门速度也不尽相同。例如，在抓拍物体运动的瞬时，需要使用较高的快门速度；而如果是跟踪拍摄，对快门速度的要求就比较低了。

▲ 趴着的狗处于静止状态，因此无须太高的快门速度『焦距：35mm ¦ 光圈：F3.5 ¦ 快门速度：1/200s ¦ 感光度：ISO200』

▲ 奔跑中的狗速度很快，因此需要较高的快门速度才能将其清晰地定格在画面中『焦距：200mm ¦ 光圈：F6.3 ¦ 快门速度：1/1000s ¦ 感光度：ISO320』

被摄对象的运动方向

如果从运动对象的正面拍摄（通常是角度较小的斜侧面），能够表现出对象从小变大的运动过程，需要的快门速度通常要低于从侧面拍摄；而只有从侧面拍摄才会感受到被摄对象真正的速度，拍摄时需要的快门速度也就更高。

▶ 从正面或斜侧面角度拍摄运动对象时，速度感不强『焦距：70mm ¦ 光圈：F3.2 ¦ 快门速度：1/1000s ¦ 感光度：ISO400』

▲ 从侧面拍摄运动对象时，速度感很强『焦距：40mm ¦ 光圈：F2.8 ¦ 快门速度：1/1250s ¦ 感光度：ISO400』

摄影师与被摄对象之间的距离

无论是身体靠近运动对象，还是使用镜头的长焦端，只要画面中运动对象越大、越具体，拍摄对象的相对运动速度就越高，此时需要随着运动对象不停地移动相机。略有不同的是，如果是身体靠近运动对象，则需要较大幅度地移动相机；而使用镜头的长焦端，只要小幅度地移动相机，就能够保证被摄对象一直处于画面之中。

从另一个角度来说，如果将视角变得更广阔一些，就不用为了将运动对象融入画面中而费力地紧跟被摄对象，比如使用镜头的广角端拍摄时，就更容易抓拍到被摄对象运动的瞬间。

▲ 使用广角镜头抓拍到的现场整体气氛『焦距：28mm ┊ 光圈：F9 ┊ 快门速度：1/640s ┊ 感光度：ISO200』

▶ 长焦镜头注重表现单个主体，对细节的表现更加明显『焦距：400mm ┊ 光圈：F7.1 ┊ 快门速度：1/640s ┊ 感光度：ISO200』

常见快门速度的适用拍摄对象

以下是一些常见快门速度的适用拍摄对象，虽然在拍摄时并非一定要用快门优先曝光模式，但先对一般情况有所了解才能找到最适合表现当前拍摄对象的快门速度。

快门速度（秒）	适用范围
B门	适合拍摄夜景、闪电、车流等。其优点是摄影师可以自行控制曝光时间，缺点是如果不知道当前场景需要多长时间才能正常曝光容易出现曝光过度或不足的情况，此时需要摄影师多做尝试，直至得到满意的效果。
1~30	在拍摄夕阳、天空仅有微光的日落后及日出前后时，都可以使用光圈优先曝光模式或手动曝光模式进行拍摄，很多优秀的夕阳作品都诞生于这个曝光区间。使用1s~5s的快门速度，还能够将瀑布或溪流拍摄出如同丝绸一般的梦幻效果。
1 和 1/2	适合在昏暗的光线下，使用较小的光圈获得足够的景深，通常用于拍摄稳定的对象，如建筑、城市夜景等。
1/15~1/4	1/4s的快门速度可以作为拍摄夜景人像时的最低快门速度。该快门速度区间也适合拍摄一些光线较强的夜景，如明亮的步行街和光线较好的室内。
1/30	在使用标准镜头或广角镜头拍摄风光、建筑室内时，该快门速度可以视为拍摄时的最低快门速度。
1/60	对于标准镜头而言，该快门速度可以保证在各种场合进行的拍摄。
1/125	这一挡快门速度非常适合在户外阳光明媚的环境下拍摄时使用，同时也能够拍摄运动幅度较小的物体，如走动中的人。
1/250	该快门速度适合拍摄中等运动速度的拍摄对象，如游泳运动员、跑步中的人或棒球活动等。
1/500	该快门速度已经可以抓拍一些运动速度较快的对象，如行驶的汽车、跑动中的运动员、奔跑的马等。
1/1000~1/4000	该快门速度区间已经可以用于拍摄一些极速运动的对象，如赛车、飞机、足球运动员、飞鸟及瀑布飞溅出的水花等。

安全快门速度

简单来说，安全快门速度是指人在手持拍摄时能保证画面清晰的最低快门速度。这个快门速度与镜头的焦距有很大关系，即手持相机拍摄时，快门速度数值应不低于焦距的倒数。

比如相机焦距为 70mm，拍摄时的快门速度应不低于 1/80s。这是因为人在手持相机拍摄时，即使被拍摄对象待在原处纹丝未动，也会因为拍摄者本身的抖动而导致画面模糊。

由于富士 X-T4/T3 是 APS-C 画幅相机，因此在换算时还要将焦距转换系统考虑在内，即如果以 200mm 焦距进行拍摄，其快门速度数值不应该低于 200×1.5 所得数值的倒数，即 1/320s。

▼ 虽然是拍摄静态的玩偶，但由于光线较弱，致使快门速度低于安全快门速度，所以拍摄出来的玩偶是比较模糊的『焦距：100mm ┆光圈：F2.8 ┆快门速度：1/50s ┆感光度：ISO200』

▲ 拍摄时提高了感光度数值，因此能够使用更高的快门速度，从而确保拍出来的照片很清晰『焦距：100mm ┆光圈：F2.8 ┆快门速度：1/160s ┆感光度：ISO800』

防抖技术对快门速度的影响

富士的防抖系统全称为 Optical Image Stabilization，简写为 OIS，目前最新的防抖技术可保证即使使用低于安全快门 6 倍的快门速度拍摄时也能获得清晰的影像。但要注意的是，防抖系统只是提供了一定程度的校正功能，在使用时还要注意以下几点。

● 防抖系统成功校正抖动是有一定概率的，这还与个人的手持稳定能力有很大关系，通常情况下，使用低于安全快门 2 倍以内的快门速度拍摄时，成功校正的概率会比较高。

● 当快门速度高于安全快门 1 倍以上时，建议关闭防抖系统，否则防抖系统的校正功能可能会影响原本清晰的画面，导致画质下降。

● 在使用三脚架保持相机稳定时，建议关闭防抖系统。因为在使用三脚架时，不存在手持相机时手抖的问题，而开启了防抖功能后，一点微小的震动反而会造成图像质量下降。值得一提的是，很多防抖镜头同时还带有三脚架检测功能，即它可以检测到三脚架细微震动造成的抖动并进行补偿，因此，在使用这种镜头拍摄时，不应关闭防抖功能。

防抖技术的应用

虽然防抖技术会对照片的画质产生一定的负面影响，但是在光线较弱时，为了得到清晰的画面，它又是必不可少的。例如，在拍摄动物时常常会使用 400mm 的长焦镜头，这就要求相机的快门速度必须保持在 1/400s 的安全快门速度以上，那么光线略有不足就很容易把照片拍虚，这时使用防抖功能几乎就成了唯一的选择。

▲ 有防抖标志的富士龙镜头

Q：OIS 功能是否能够代替较高的快门速度？

A：虽然在弱光条件下拍摄时，具有 OIS 功能的镜头允许摄影师使用更低的快门速度，但实际上 OIS 功能并不能代替较高的快门速度。要想得到出色的高清晰度照片，仍然需要用较高的快门速度来捕捉瞬间的动作。不管 IS 功能有多么强大，只有使用高速快门才能够清晰捕捉到快速移动的被摄对象，这一原则是不会改变的。

X-T4/T3

▲ 利用长焦镜头拍摄动物时，为了得到清晰的画面，开启了镜头的防抖功能，即使放大查看，其毛发仍然很清晰『焦距：400mm ┊光圈：F6.3 ┊快门速度：1/250s ┊感光度：ISO400』

长时间曝光降噪功能

曝光的时间越长，照片中产生的噪点就越多，此时，可以启用长时间曝光降噪功能来消减画面中的噪点。

● 开：选择此选项，相机在完成曝光后，会立即对照片进行降噪处理，在处理期间无法拍摄其他照片。

● 关：选择此选项，在任何情况下都不执行"长时间曝光降噪"功能。

❶ 在**图像质量设置菜单**中选择**长时间曝光降噪**选项

❷ 按▲或▼方向键选择**开**或**关**选项，然后按 MENU/OK 按钮确认

▲ 上图是未设置长时间曝光降噪功能的局部画面，下图是启用了该功能的局部画面，可以看出画面中的杂色及噪点都明显减少，但同时也损失了一定的细节

▲ 通过长达 30s 的曝光拍摄到的照片『焦距：21mm ┊光圈：F14 ┊快门速度：30s ┊感光度：ISO100 』

Q：为什么开启降噪功能后的拍摄时间，比未开启此功能时拍摄时间多了 1 倍？

A：这是由于降噪功能处于开启的情况下，相机需要在快门未开启时，以相同的曝光时间拍摄出一张有噪点的"空白"照片，并根据此照片中的噪点位置，去除上一张照片中的噪点，经过比对后，两张照片中位置相同的噪点将被去除。因此，开启此功能后，降噪的过程要多用 1 倍的拍摄时间。

了解了这一过程后也就明白了，为什么使用此功能无法去除画面中的全部噪点，因为有些噪点出现的位置是随机的，这样的噪点不会被去除。而在去除大量噪点时，不可避免会出现误判，导致照片中构成画面细节的像素也被删除了，因此开启此功能后画面的细节会有所损失。

X-T4/T3

设置 ISO 控制照片品质

理解感光度

数码相机的感光度概念是从传统胶片中的感光度引入的，用于表示感光元件对光线的敏锐程度，即在相同条件下，感光度越高，获得光线的数量也就越多。但要注意的是，感光度越高的同时，产生的噪点就越多，而低感光度画面则清晰、细腻，细节表现较好。

富士 X-T4/T3 相机在感光度的控制方面较为优秀。其常用感光度范围为 ISO160~ISO12800，并可以向上扩展至 H（最高为 ISO51200），向下扩展至 L（最低为 ISO80）。在光线充足的情况下，一般使用 ISO160 拍摄即可。

对于富士 X-T3 来说，当感光度数值在 ISO1600 以下时，均能获得出色的画质；当感光度数值在 ISO1600~ISO3200 之间时，画质比低感光度时略有降低，但仍可以用良好来形容；当感光度数值增至 ISO6400 及以上时，画面的细节流失增多了，已经有明显的噪点出现，尤其在弱光环境下表现得更为明显；当感光度扩展至 ISO25600 时，画面中的噪点和色散已经变得很严重，因此，除非特殊情况，一般不建议使用 ISO1600 以上的感光度数值。

▶ 设定方法

按下拨盘锁定释放按钮，然后旋转感光度拨盘，即可调整感光度。若选择了 A（自动），相机将根据拍摄环境自动调整感光度。

┌ 提示 ─────────

X-T30相机常用感光度范围为ISO200~ISO12800，并可以向上扩展至H（最高为ISO51200），向下扩展至L（最低为 ISO80）。

┌ 提示 ─────────

X-T30相机通过快速菜单或ISO菜单设置ISO感光度。

感光度的设置原则

感光度除了会对曝光产生影响外，对画质也有着极大的影响，即感光度越低，画面就越细腻；反之，感光度越高，就越容易产生噪点、杂色，画质就越差。

在条件允许的情况下，建议采用富士 X-T3 基础感光度中的最低值，即 ISO160 进行拍摄，这样可以最大限度地保证照片得到较高的画质。

需要特别指出的是，使用相同的 ISO 感光度分别在光线充足与不足的环境中拍摄时，在光线不足环境中拍摄的照片会产生较多的噪点，如果此时再使用较长的曝光时间，那么就更容易产生噪点。因此，在弱光环境中拍摄时，更需要设置低感光度，并配合使用"降噪功能"和"长时间曝光降噪"来获得较高的画质。

当然，低感光度的设置可能会导致快门速度很低，手持拍摄时很容易由于手的抖动而导致画面模糊。此时，应该果断地提高感光度，即首先保证能够成功完成拍摄，然后再考虑高感光度给画质带来的损失。因为画质损失可通过后期处理来弥补，而画面模糊则意味着拍摄失败，是无法通过后期补救的。

ISO 数值与画质的关系

对于富士 X-T3 而言，使用 ISO1600 以下的感光度拍摄时，均能获得优秀的画质；使用 ISO1600~ISO6400 之间的感光度拍摄时，虽然画质要比在低感光度拍摄时略有降低，但是可以接受。

如果从实用角度来看，使用 ISO1600 和 ISO6400 拍摄的照片细节完整、色彩生动，只要不是放大到很大倍数查看，和使用较低感光度拍摄的

照片并无明显区别。但是对于一些对画质要求较为严苛的用户来说，ISO1600 是富士 X-T3 能保证较好画质的最高感光度。使用高于 ISO1600 的感光度拍摄时，虽然整个照片依旧没有过多杂色，但是照片细节上的缺失通过大屏幕显示屏幕观看时就能感觉到，所以除非处于极端环境中拍摄，否则不推荐使用。

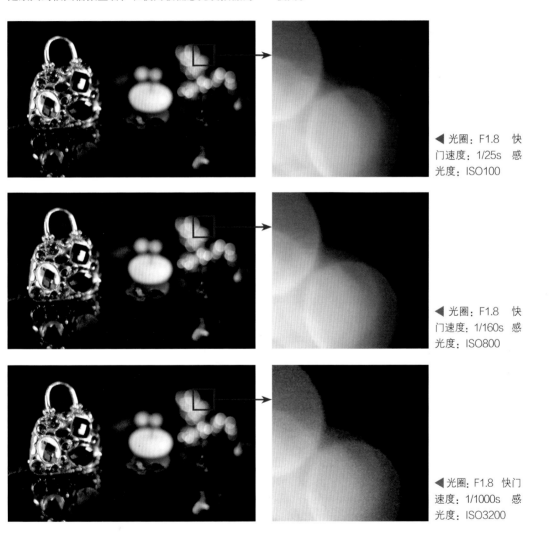

◀ 光圈：F1.8　快门速度：1/25s　感光度：ISO100

◀ 光圈：F1.8　快门速度：1/160s　感光度：ISO800

◀ 光圈：F1.8　快门速度：1/1000s　感光度：ISO3200

从这一组照片可以看出，在光圈优先曝光模式下，当 ISO 感光度数值发生变化时，快门速度也发生了变化，因此照片的整体曝光量并没有变化。但仔细观察细节可以看出，照片的画质随着 ISO 数值的增大而逐渐变差。

感光度对曝光效果的影响

作为控制曝光的三大要素之一，在其他条件不变的情况下，感光度每增加一挡，感光元件对光线的敏锐度会随之提高一倍，即增加一倍的曝光量；反之，感光度每减少一挡，则减少一半的曝光量。

更直观地说，感光度的变化直接影响光圈或快门速度的设置，以 F5.6、1/200s、ISO400 的曝光组合为例，在保证被摄体得到正确曝光的前提下，如果要改变快门速度并使光圈数值保持不变，可以通过提高或降低感光度来实现，快门速度提高一倍

（变为 1/400s），则可以将感光度提高一倍（变为 ISO800）；如果要改变光圈值而保证快门速度不变，同样可以通过设置感光度数值来实现，例如要增加两挡光圈（变为 F2.8），则可以将 ISO 感光度数值降低两挡（变为 ISO100）。

下面是一组在焦距为 50mm、光圈为 F7.1、快门速度为 1/30s 的特定参数下，只改变感光度拍摄的照片。

在拍摄上面这组照片时，焦距、光圈、快门速度都没有变化，从中可以看出，当其他曝光参数不变时，ISO 感光度的数值越大，由于感光元件对光线更加敏感，因此所拍摄出来的照片也就越明亮。

让相机自动设定感光度

当我们对感光度的设置要求不高时，可以将感光度拨盘选择为"A"，即将 ISO 感光度指定为由相机自动控制，当相机检测到当前的光圈与快门速度组合无法满足曝光需求或可能会曝光过度时，就会自动选择一个合适的 ISO 感光度数值，以满足正确曝光的需求。

在"ISO 自动设定"菜单中，可控制当感光度拨盘选择了 A 时，相机调整感光度的方式。在此菜单中可以对"自动 1~ 自动 3""默认感光度""最大感光度"和"最低快门速度"等选项进行设定。

● 自动 1~ 自动 3：富士 X-T4/T3 相机支持 3 个自动感光的预设，可以在此菜单中分别选择不同的序号来设定不同的感光度范围，然后在使用时通过选择相应序号的预设进行应用即可。

● 默认感光度：选择此选项，可设置自动感光度的最小值。

● 最大感光度：选择此选项，可设置自动感光度的最大值。

● 最低快门速度：选择此选项，可以指定一个快门速度的最低数值，即当快门速度低于此数值时，才由相机自动提高感光度数值。

▶ 在室外拍摄节日活动时，可能没有过多的时间去详细设置参数，此时可以使相机自动控制感光度『焦距：80mm ┆光圈：F5.6 ┆快门速度：1/200s ┆感光度：ISO200』

设定步骤

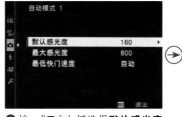

❶ 在**拍摄设置菜单**中选择 **ISO 自动设定**选项，按▶方向键

❷ 按▲或▼方向键选择一个选项，然后按▶方向键

❸ 按▲或▼方向键选择**默认感光度**选项，然后按▶方向键

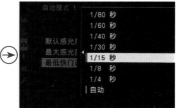

❹ 按▲或▼方向键选择一个感光度值，然后按 MENU/OK 按钮确认

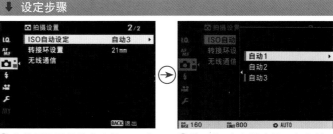

❺ 在步骤❸中选择了**最大感光度**选项时，按▲或▼方向键可选择最大感光度数值

❻ 在步骤❸中选择了**最低快门速度**选项时，按▲或▼方向键可选择最低快门速度数值

最高扩展 ISO 感光度设置

在"ISO 拨盘设置（H）"菜单中可以设置当感光度拨盘转至 H 时所使用的扩展感光度值，可以选择"25600"和"51200"两个选项。

❶ 在**设置菜单**中选择**按钮 / 拨盘 设置**选项，然后按▶方向键

❷ 按▲或▼方向键选择 **ISO 拨盘设 置（H）**选项，然后按▶方向键

❸ 按▲或▼方向键选择所需的数值 选项，然后按 MENU/OK 按钮确认

最低扩展 ISO 感光度设置

在"ISO 拨盘设置（L）"菜单中可以设置当感光度拨盘转至 L 时所使用的扩展感光度值，可以选择"80""100"和"125"3 个选项。

❶ 在**设置菜单**中选择**按钮 / 拨盘 设置**选项，然后按▶方向键

❷ 按▲或▼方向键选择 **ISO 拨盘设 置（L）**选项，然后按▶方向键

❸ 按▲或▼方向键选择所需的数值 选项，然后按 MENU/OK 按钮确认

自动 ISO 感光度设置

在"ISO 拨盘设置（A）"菜单中可以设置当感光度拨盘转至 A 时所使用的感光度值。

选择"自动"选项，相机将根据"ISO 自动设定"中的所选项针对拍摄环境来自动调整感光度，可从自动 1、自动 2 和自动 3 中进行选择。

选择"命令"选项，旋转前指令拨盘便可手动调整感光度。

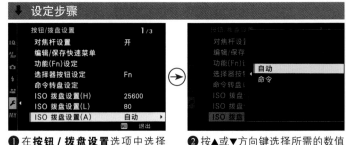

❶ 在**按钮 / 拨盘设置**选项中选择 **ISO 拨盘设置（A）**选项，然后按 ▶方向键

❷ 按▲或▼方向键选择所需的数值 选项，然后按 MENU/OK 按钮确认

┌─ 提示 ─
　　X-T4 相机没有以上 3 个菜单功能。设置相关 ISO 感光度时直接将 感光度拨盘对准 A 或 C，然后旋转前指令拨盘选择数值即可。

利用降噪功能减少噪点

富士 X-T4/T3 相机在高 ISO 感光度噪点的控制方面较为出色。但在使用高感光度拍摄时，画面中仍然会出现噪点，此时可以通过使用"降噪功能"对噪点进行消减。

在"降噪功能"菜单中可以在 -4~+4 之间选择一个降噪等级，数值越高，则等级越高，降噪效果越明显，同时细节也损失得越多。此功能可以在任何时候减少画面的噪点（不规则间距明亮像素、条纹或雾像），尤其针对使用高 ISO 感光度拍摄的照片更有效。

Q：为什么在提高感光度时画面会出现噪点？

A：数码微单相机感光元件的感光度最低值通常是 ISO100 或 ISO200，这是数码相机的基准感光度。如果要提高感光度，就必须通过相机内部的放大器来实现，因为相机感光元件的感光度是固定的。当相机内部的放大器在工作时，相机内部电子元器件间的电磁干扰就会增加，从而使相机的感光元件出现错误曝光，其结果就是画面中出现噪点，与此同时相机宽容度的动态范围也会变小。

X-T4/T3

❶ 在**图像质量设置菜单**中选择**降噪功能**选项，然后按▶方向键

❷ 按▲或▼方向键选择一个选项，然后按 MENU/OK 按钮确认

提示

X-T4 相机的此功能名称为"高ISO降噪"。

▲ 上图是未启用"降噪功能"拍摄的效果，下图为启用此功能后拍摄的效果，对比两张图可以看出，降噪后的照片中噪点明显减少，但同时也损失了一定的细节

曝光四因素之间的关系

影响曝光的因素有 4 个：①照明的亮度（Light Value），简称 LV，大部分照片是以阳光为光源拍摄得来的，但我们无法控制阳光的亮度；②感光度，即 ISO 值，ISO 值越高，所需的曝光量越少；③光圈，较大的光圈能让更多的光线通过镜头；④曝光时间，也就是所谓的快门速度。

影响曝光的这 4 个因素是一个互相牵引的四角关系，改变任何一个因素，均会对另外 3 者造成影响。例如最直接的对应关系是"亮度—感光度"，当在较暗的环境中（亮度较低）拍摄时，就要使用较高的感光度值，以增加相机感光元件对光线的敏感度，来得到曝光正常的画面。另一个直接的影响是"光圈—快门"，当用大光圈拍摄时，进入相机镜头的光量变多，因而快门速度便要提高，以避免照片过曝；反之，当缩小光圈时，进入相机镜头的光量变少，快门速度就要相应地变低，以避免照片欠曝。

下面进一步解释这四者的关系。

当光线较为明亮时，相机感光充分，因而可以使用较低的感光度、较高的快门速度或小光圈拍摄。

当使用高感光度拍摄时，相机对光线的敏感度增加，因此也可以使用较高的快门速度、较小光圈拍摄。

当降低快门速度做长时间曝光时，则可以通过缩小光圈、使用较低的感光度，或者加中灰镜来得到正确的曝光。

当然，在现场光环境中拍摄时，画面的亮度很难做出改变，虽然可以用中灰镜降低亮度，或提高感光度来增加亮度，但是会造成一定的画质影响。因此，摄影师通常会先考虑调整光圈和快门速度，当调整光圈和快门速度都无法得到满意的效果时，才会调整感光度数值，最后才会考虑安装中灰镜或增加灯光来给画面补光。

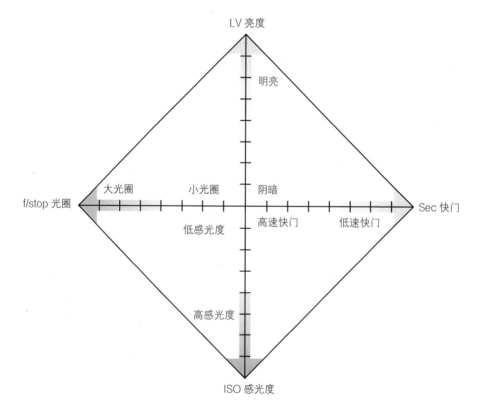

设置白平衡控制画面色彩

理解白平衡存在的重要性

无论是在室外的阳光下，还是在室内的白炽灯光下，人眼都能将白色视为白色，将红色视为红色，这是因为肉眼能够自动修正光源变化造成的着色差异。实际上，当光源改变时，作为这些光源的反射而被捕获的颜色也会发生变化，相机会精确地将这些变化记录在照片中，这样的照片在校正之前看上去是偏色的。

数码相机具有的"白平衡"功能，可以校正不同光源下色彩的变化，就像人眼的修正功能一样，能够使偏色的照片得到校正。

值得一提的是，在实际应用时，我们也可以尝试使用"错误"的白平衡设置，从而获得特殊的画面色彩。例如，在拍摄夕阳时，如果使用荧光灯或阴影白平衡，则可以得到冷暖对比或带有强烈暖调色彩的画面，这也是白平衡的一种特殊应用方式。

富士 X-T4/T3 相机共提供了 3 类白平衡设置，即预设白平衡、手选色温及自定义白平衡，下面分别讲解它们的作用。

▲ 场景中的光线比较复杂，所以将白平衡设置为自定义模式，画面中海水、礁石、天空的颜色都得到了准确的还原 『焦距：24mm｜光圈：F10｜快门速度：5s｜感光度：ISO100』

预设白平衡

富士X-T4/T3相机提供8种预设白平衡模式，可以满足大多数日常拍摄的需求，在实际拍摄时，摄影师只需要根据不同的光线条件选择不同的白平衡，就能够较好地完成拍摄任务，下面分别介绍这些白平衡模式。

▶ 设定方法

按 Fn5 按钮（即▶方向键）显示白平衡列表，使用▲或▼方向键选择所需的白平衡模式，然后按◀按钮确认。

> **提示**
>
> X-T30相机通过快速菜单、白平衡菜单或在触摸控制功能开启的情况下，向右轻拨屏幕进行白平衡模式设置。

白平衡模式	说明	适用场合	拍摄效果
自动白平衡	根据实际光源校正照片色彩，具有非常高的准确度。	在大部分场景下，都能够获得准确的色彩还原；并适合需要快速拍摄的场景等。	
日光白平衡	在日光下拍摄时，照片的色调偏冷，使用日光白平衡可以为画面增加一同程度的暖色。	适用于空气较为通透或天空有少量薄云的晴天等。	
阴天白平衡	阴天的光线色温较高，拍摄出来的照片色调偏冷，使用阴天白平衡可以为画面增加暖色。	适合在云层较厚的天气或阴天拍摄时使用；或在拍摄特殊对象（如日出、日落），想要获得漂亮的偏暖色光线时。	
日光荧光灯白平衡 暖白荧光灯白平衡 冷白荧光灯白平衡	在荧光灯下拍摄的画面很容易出现偏色的问题，且由于灯光光谱不连续的原因，出现时而偏黄、时而偏绿等不同程度的偏色，选择此模式可根据现场环境灯光的变化，为画面增加蓝色或洋红色色调，消除偏色问题。	以荧光灯作为主光源的环境中，如白色灯光、日光灯、节能灯泡等，可以根据实际拍摄环境中的荧光灯颜色来选择白平衡模式。建议先拍摄一张照片作为测试，以判断色彩还原是否准确。	
白炽灯白平衡	白炽灯发射的光线色温较低，所拍摄出来的画面色彩通常偏黄或偏红，采用白炽灯白平衡可以为画面增加蓝色。	适合在某些室内环境拍摄时使用，如宴会、婚礼、舞台等。	
水下自动白平衡	由相机自动校正水底光线下的照片色彩，减少蓝色。	适用于海底世界、游泳馆等。	

什么是色温

在摄影领域，色温用于表示光源的成分，单位为"K"。例如，日出日落时光的颜色为橙红色，这时色温较低，大约为3200K；太阳升高后，光的颜色为白色，这时色温变高，大约为5400K；阴天的色温还要高一些，大约为6000K。色温值越大，则光源中所含的蓝色光越多；反之，当色温值越小，则光源中所含的红色光越多。下图为常见场景中的色温值。

低色温的光趋于红、黄色调，其能量分布中红色调较多，因此又通常被称为"暖光"；高色温的光趋于蓝色调，其能量分布较集中，通常被称为"冷光"。比如在日落之时，光线的色温较低，因此拍摄出来的画面偏暖，适合表现夕阳静谧、温馨的感觉。为了加强这样的画面效果，可以叠加使用暖色滤镜，或是将白平衡设置成阴天模式。再如晴天、中午时分的光线色温较高，拍摄出来的画面偏冷，通常这时空气的能见度也较高，可以很好地表现大景深的场景。另外，冷色调的画面还可以很好地表现出冷清的感觉，在视觉上给人开阔的感受。

蓝天、白雪约10000K

雨天/阴天约7000K

正午晴天约5000K

下午阳光约4500K

室内灯光约3400K

烛光约1800K

9000K

8000K

7000K

6000K

5000K

4000K

3000K

2000K

1000K

户外阴影约7500K

阴天约6500K

闪光灯约5500K

夕阳约3800K

家用电灯约2800K

手调色温

为了应对复杂光线环境下的拍摄需要，富士 X-T4/T3 在色温调整白平衡模式下提供了 2500~10000K 的色温调整范围，最小的调整幅度为 100K，用户可根据实际色温进行精确调整。

预设白平衡模式涵盖的色温范围比手调色温白平衡可调整的范围要小一些，因此当需要一些比较极端的效果时，预设白平衡模式就显得有些力不从心，此时就可以进行手动调整。

在通常情况下，使用自动白平衡模式就可以获得不错的色彩效果。但在特殊光线条件下，自动白平衡模式有时可能无法得到准确的色彩还原，此时，应根据光线条件手动选择合适的色温值。

▲ 即使使用了色温值最高的阴天预设白平衡（色温约为 7000K），画面得到的暖调效果还是不够纯粹

▲ 通过手动调整色温至最高的 10000K，画面得到的暖调效果更加强烈

设定步骤

❶ 在**图像质量设置菜单**中选择**白平衡**选项，然后按▶方向键

❷ 按▲或▼方向键选择**色温**选项，然后按▶方向键

❸ 按▲或▼方向键选择一个色温数值，然后按 MENU/OK 按钮确认

自定义白平衡

自定义白平衡模式是各种白平衡模式中最精准的一种，是指先在现场光照条件下拍摄纯白的物体，相机会认为这张照片是标准的"白色"，从而以此为依据对现场色彩进行调整，最终实现精准的色彩还原。

在富士 X-T4/T3 相机中自定义白平衡的操作步骤如下。

❶ 将对焦模式选择器切换至M（手动对焦）。

❷ 在"图像质量设置菜单"中选择"自定义1"~"自定义3"中的一个选项，并按▶方向键进入测量白平衡状态。

❸ 找到一个白色物体，然后半按快门对白色物体进行测光（此时无须顾虑是否对焦的问题），且要保证白色物体充满屏幕，然后按下快门拍摄一张照片。

❹ 拍摄完成后，屏幕若显示"完成"的提示，按下 MENU/OK按钮即可将白平衡设为测量的值。

例如在室内使用恒亮光源拍摄人像或静物时，由于光源本身都会带有一定的色温倾向，因此，为了保证拍出的照片能够准确地还原色彩，此时就可以通过自定义白平衡的方法进行拍摄。

 高手点拨：在实际拍摄时灵活运用自定义白平衡功能，可以使拍摄效果更自然，这要比使用滤色镜获得的效果更自然，操作也更方便。但值得注意的是，当曝光不足或曝光过度时，使用自定义白平衡可能无法获得正确的白平衡。在实际拍摄时可以使用18%灰度卡（市面有售）取代白色物体，这样可以更精确地设置白平衡。

▲ 采用自定义白平衡模式拍摄室内人像，画面中人物的肤色得到了准确还原『焦距：24mm ┊光圈：F10 ┊快门速度：1/125s ┊感光度：ISO100 』

设定步骤

❶ 在**图像质量设置菜单**中选择**白平衡**选项，然后按▶方向键

❷ 按▲或▼方向键选择**自定义 1** 选项（此处以选择自定义1选项为例），然后按▶方向键进入测量白平衡状态

❸ 对准白色物体使之填满屏幕，然后按下快门按钮拍摄

❹ 屏幕将显示"完成"提示，然后按下 MENU/OK 按钮即可将白平衡设为测量的值；若屏幕中显示"过暗"或"过亮"，则需要提高或降低曝光补偿后重新测量

白平衡偏移

使用富士微单的各种白平衡模式，均可微调修正画面色调，以使拍出画面的色彩更加个性化，或更符合拍摄场景的色彩倾向。例如，可以通过微调，使每张照片都偏一点点蓝色，或者一点点紫红色。如果将色温值设置为 9000K 进行拍摄，但拍摄后认为照片可以更偏红一些，则也可以通过微调白平衡操作使拍摄出来的照片更红。

⬇ 设定步骤

❶ 在**图像质量设置菜单**中选择**白平衡**选项，按▶方向键

❷ 按▲或▼方向键选择一种白平衡模式，然后按 MENU/OK 按钮确认

❸ 进入到白平衡偏移界面，按▲、▼、◀、▶方向键可使画面向蓝、黄、青、红色偏移

❹ 向右红色偏移 5、向上蓝色偏移 7 后的画面效果

白平衡包围

使用白平衡包围功能拍摄时，一次拍摄可同时得到 3 张不同白平衡效果的图像。

摄影师在"白平衡 BKT"菜单中选择了一个包围量（±1、±2 或 ±3）后，每释放一次快门，相机将创建 3 张照片，一张以当前白平衡设定拍摄，一张通过微微增加所选量的设定拍摄，还有一张通过微微减少所选量的设定拍摄。

⬇ 设定步骤

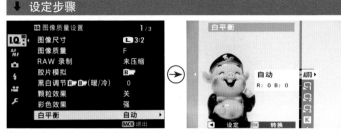

❶ 将驱动拨盘旋转至 BKT

❷ 在**拍摄设置菜单**中选择 **DRIVE 设置**选项，然后按▶方向键

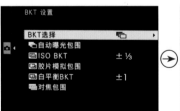

❸ 按▲或▼方向键选择 **BKT 选择**选项，然后按▶方向键

❹ 按▲或▼方向键选择**白平衡 BKT**选项，然后按 MENU/OK 按钮确认

正确设置自动对焦模式获得清晰锐利的画面

准确对焦是成功拍摄的重要前提。准确对焦可以让画面要表现的主体获得清晰呈现，反之则容易出现画面模糊的问题，也就是所谓的"失焦"。

富士 X-T4/T3 相机提供了自动对焦与手动对焦两种模式，而自动对焦又可以分为单次自动对焦和连续自动对焦 2 种模式，使用这 2 种自动对焦模式一般都能够实现准确对焦，下面分别讲解它们的使用方法。

▶ 设定方法

拨动对焦模式选择器选择 S 或 C 图标即可。

拍摄静止对象选择单次自动对焦模式（S）

单次自动对焦模式会在合焦（半按快门时对焦成功）之后即停止自动对焦，此时可以保持半按快门状态重新调整构图，这种对焦模式是风光摄影中最常用的自动对焦模式之一，特别适合拍摄静止的对象，例如山峦、树木、湖泊、建筑等。当然，在拍摄人像、动物时，如果被摄对象处于静止状态，也可以使用这种自动对焦模式。

▼ 单次自动对焦模式非常适合拍摄静止的对象。

Q：自动对焦不工作怎么办？

A：检查镜头上的对焦模式开关，如果相机上的对焦模式选择器选择了"M"，将不能自动对焦，应将对焦模式选择器选择为"S"或"C"；另外，还要已经确保稳妥地安装了镜头，否则有可能无法正确对焦。

X-T4/T3

拍摄运动对象选择连续自动对焦模式（C）

选择连续自动对焦模式后，当摄影师半按快门进行合焦时，在保持快门的半按状态下，相机会在对焦点中自动切换以保持对运动对象的准确合焦状态，如果在此过程中，被摄对象的位置发生了较大变化，相机会自动做出调整，以确保主体清晰。这种对焦模式较适合拍摄运动中的鸟、昆虫、人等对象。

▲ 拍摄飞翔中的鸟儿，使用连续自动对焦模式可以获得焦点清晰的画面『焦距：300mm ┆光圈：F5.6 ┆快门速度：1/4000s ┆感光度：ISO500』

Q: 如何拍摄自动对焦困难的主体?

A：在主体与背景反差较小、主体处于弱光环境、主体处于强烈逆光环境、主体本身有强烈的反光、主体的大部分被一个自动对焦点覆盖的景物覆盖、主体是重复的图案等情况下，富士 X-T4/T3 可能无法进行自动对焦。此时，可以按下面的步骤使用对焦锁定功能进行拍摄。

1. 设置对焦模式为单次自动对焦，将自动对焦点移至另一个与希望对焦的主体距离相等的物体上，然后半按快门按钮。

2. 因为半按快门按钮时对焦已被锁定，因此可以在半按快门按钮的状态下，将自动对焦点移至希望对焦的主体上，重新构图后再完全按下快门。

X-T4/T3

灵活设置自动对焦辅助功能

设置对焦时的声音音量

"AF 嘟嘟声音量"功能的作用就是在对焦成功时发出清脆的声音，以便于确认是否对焦成功。

拍摄一般场景时开启对焦声对确认合焦很有帮助，但在拍摄需要保持安静的场合时，如会议、博物馆或其他易被惊扰的对象时，则建议将其设置为"关"。

设定步骤

❶ 在**设置菜单**中选择**声音设置**选项，然后按▶方向键

❷ 按▲或▼方向键选择 **AF 嘟嘟声音量**选项，然后按▶方向键

❸ 按▲或▼方向键选择所需的音量或**关**选项，然后按 MENU/OK 按钮确认

利用自动对焦辅助光辅助对焦

利用"AF 辅助灯"菜单可以控制是否开启相机的自动对焦辅助光。在弱光环境下拍摄时，由于对焦很困难，相机的自动对焦系统很难对场景进行对焦，此时开启 AF 辅助灯功能，AF 辅助灯将发出红色的指示光，照亮被摄对象，以辅助相机清晰对焦。

 **高手点拨**：如果拍摄的是会议或体育比赛等不能被打扰的拍摄对象，应该关闭此功能。

设定步骤

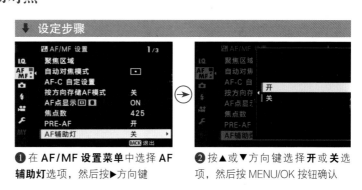

❶ 在 **AF/MF 设置菜单**中选择 **AF 辅助灯**选项，然后按▶方向键

❷ 按▲或▼方向键选择**开**或**关**选项，然后按 MENU/OK 按钮确认

● 开：选择此选项，当拍摄环境光线较暗时，自动对焦辅助灯将发射自动对焦辅助光。

● 关：选择此选项，自动对焦辅助灯将不发射自动对焦辅助光。

设置拍摄时释放优先还是对焦优先

使用"释放/对焦优先"菜单可以控制在采用单次自动对焦（S）和连续自动对焦（C）模式拍摄时，是每次按下快门释放按钮时都可以拍摄照片，还是仅当相机清晰对焦时才可以拍摄照片。

● 释放：选择此选项，无论何时按下快门释放按钮均可拍摄照片。如果确认"拍到"比"拍好"更重要，例如，在突发事件的现场，或记录不会再出现的重大时刻，可以选择此选项，以确保至少能够拍到值得记录的画面，至于是否清晰就靠运气了。

● 对焦：选择此选项，仅当显示对焦指示（●）时方可拍摄照片，而且拍出的照片是清晰的，但有可能出现在相机对焦的过程中，拍摄对象已经消失，或拍摄时机已经丧失的情况。

设定步骤

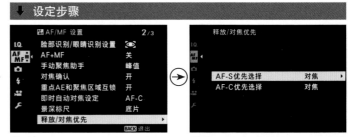

❶ 在 AF/MF 设置菜单中选择释放/对焦优先选项，然后按▶方向键

❷ 按▲或▼方向键选择 AF-S 优先选择选项，然后按▶方向键

❸ 按▲或▼方向键选择释放或对焦选项，然后按 MENU/OK 按钮确认

❹ 若在步骤❷中选择了 AF-C 优先选择选项，按▲或▼方向键为 AF-C 模式选择释放或对焦选项，然后按 MENU/OK 按钮确认

▶ 在拍摄这种运动幅度不大的对象时，应采取对焦优先的策略，以保证拍出清晰的画面『焦距：70mm ┊光圈：F5 ┊快门速度：1/1000s ┊感光度：ISO200』

AF-C 自定设置

"AF-C 自定设置"菜单用于设置在使用连续自动对焦模式时选择对焦跟踪类型。富士 X-T4/T3 相机提供了 1~5 个预设场合选项和 1 个可以自定义修改的选项，以满足拍摄对象以不同方式运动时对焦控制参数的选择与设置要求。

设置1 多用途

此场合适用于拍摄一般运动场面，例如拍摄运动特征不明显或运动幅度较小的对象。

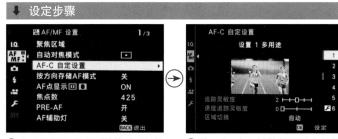

↓ 设定步骤

❶ 在 **AF/MF 设置菜单**中选择 **AF-C 自定设置**选项，然后按▶方向键

❷ 按▲或▼方向键选择所需序号选项，然后按 MENU/OK 按钮确认

设置 2 忽略障碍 & 继续追踪主体

选择此场合时，若主体脱离了对焦范围，或对焦范围内有其他物体出现，相机将优先针对之前对焦的主体进行跟踪，从而避免主体移动或出现障碍时相机的对焦系统受到干扰。此场合适用于拍摄网球选手、蝶泳选手、自由式滑雪选手等持续运动的对象。

▶ 足球运动员的动作快慢不定，适合使用场合 3『焦距：300mm ┆ 光圈：F5.6 ┆ 快门速度：1/1000s ┆ 感光度：ISO800』

设置 3 加速 / 减速主体

选择此场合时，若拍摄对象出现突然加速或减速运动，则相机会倾向于随着对象运动速度的改变而自动进行追踪。此场合适用于拍摄足球、赛车、篮球等比赛的题材。

设置 4 对于突然出现的主体

选择此场合时，若对焦范围内出现新的物体，则相机会自动切换对焦主体，即针对新出现的物体进行对焦；当主体脱离对焦范围时，则可能会针对背景进行重新对焦。此场合适用于拍摄赛车的起点 / 转弯、高山滑雪选手下坡等运动对象。

设置 5 不规律地移动并加速 / 减速主体

选择此场合时，若被摄对象出现向上、下、左、右的不规则运动，且移动速度迅速变化，相机会随之自动进行跟踪对焦。此场合适用于拍摄花样滑冰等题材。

设置 6 自定义

选择此选项，用户可以根据拍摄需求自定义设置数值，其中包括"追踪灵敏度""速度追踪灵敏度"以及"区域切换" 3 个参数。

↓ 设定步骤

❶在 **AF/MF 设置菜单**中选择 **AF-C 自定设置**选项，然后按▶方向键

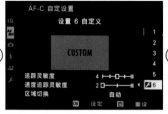

❷按▲或▼方向键选择 **6** 选项，然后按◀方向键

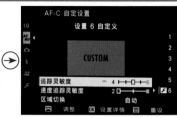

❸按▲或▼方向键选择要修改的选项并按 MENU/OK 按钮进入详细设置页

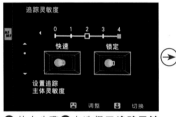

❹若在步骤❷中选择了**追踪灵敏度**选项，按◀或▶方向键选择所需的数值

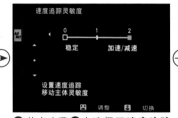

❺若在步骤❷中选择了**速度追踪灵敏度**选项，按◀或▶方向键选择所需的数值

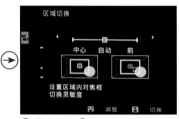

❻若在步骤❷中选择了**区域切换**选项，按◀或▶方向键选择所需的设定

● 追踪灵敏度：设置此参数的意义在于，当被摄对象前方出现障碍物时，通过设置此参数使相机"明白"，是忽略障碍对象继续跟踪对焦被摄对象，还是对新被摄体（即障碍对象）进行对焦拍摄。选择此选项后，可以拖动滑块向右边的"锁定"或左边的"快速"进行参数设置。当滑块位置偏向于"锁定"时，即使有障碍物进入自动对焦点，或被摄对象偏移了对焦点，相机仍然会继续保持原来的对焦位置；反之，若滑块位置偏向于"快速"方向，障碍对象出现后，相机的对焦点就会由原被摄对象脱开，马上对焦在新的障碍对象上。

● 速度追踪灵敏度：此参数用于设置当被摄对象突然加速或突然减速时的对焦灵敏度，数值越大，则当被摄对象突然加速或减速时，相机对其进行跟踪对焦的灵敏度越高。

● 区域切换：此参数决定使用"区自动对焦"模式时优先的对焦区域。选择"中心"选项，在区自动对焦模式下，优先对焦于区域中央的拍摄对象；选择"自动"选项，相机将首先锁定对焦区域中央的拍摄对象，然后根据需要切换对焦区域以对其进行跟踪；选择"前"选项，将优先对焦于最靠近相机的拍摄对象。

选择自动对焦区域模式

在确定自动对焦模式后，还需要指定自动对焦区域模式，以使相机的自动对焦系统在工作时"明白"应该使用多少个对焦点或什么位置的对焦点进行对焦。

在富士 X-T4/T3 相机中，摄影师可选择单点、区、广域/跟踪和全部 4 种自动对焦区域模式。

设定方法
按 Fn3 按钮（即▲方向键）进入自动对焦区域模式选择界面，然后按▲或▼方向键选择所需的模式选项。

设定步骤

❶ 在 **AF/MF 设置菜单**中选择**自动对焦模式**选项，然后按▶方向键

❷ 按▲或▼方向键选择所需的选项，然后按 MENU/OK 按钮确定

单点自动对焦区域⊡

在此模式下，摄影师可以手动选择对焦点的位置，使用 P、S、A、M 曝光模式拍摄时都可以手选对焦点。富士 X-T4/T3 相机提供了最多 425 个自动对焦点。

提示
X-T30相机可以通过快速菜单、自动对焦模式菜单或在触摸控制功能开启的情况下，向下轻拨屏幕进行自动对焦区域模式设置。

提示
在富士X-T4/T3相机中，菜单中的术语为"自动对焦模式"，为了与前面的对焦模式区分开，本书将此术语改写为"自动对焦区域模式"。

▲ 在拍摄人像时，常常使用单点自动对焦区域模式对人物眼睛对焦，得到人物清晰而背景虚化的效果『焦距：56mm ┆光圈：F3.2 ┆快门速度：1/100s ┆感光度：ISO400』

▲ 单点自动对焦区域示意图

区自动对焦区域 [ː]

使用此对焦区域模式时，先在 LCD 显示屏上选择想要对焦的区域位置，对焦区域内包含数个对焦点，在拍摄时，相机将自动在所选对焦区范围内选择合焦的对焦框。此模式适合拍摄动作幅度不大的题材。

▲ 区自动对焦区域示意图

◀ 对于拍摄摆姿人像而言，变换姿势幅度不大，可以使用区自动对焦区域模式进行拍摄『焦距：150mm ┆光圈：F5 ┆快门速度：1/1600s ┆感光度：ISO125』

广域 / 跟踪自动对焦区域 [ː]

选择此对焦区域模式后，在使用单次自动对焦模式（S）半按快门进行对焦时，将由相机自己的智能判断系统，决定当前拍摄的场景中哪个区域应该最清晰，从而利用相机可用的对焦点针对这一区域进行对焦。

而在连续自动对焦模式（C）下，拍摄随时可能移动的动态主体（如宠物、儿童、运动员等）时，使用此模式可以锁定跟踪被摄体，从而在半按快门按钮期间，保持相机持续对焦被摄体。

▲ 广域 / 追踪自动对焦区域示意图

▲ 使用广角镜头与小光圈拍摄大场景风光时，选择广域 / 追踪自动对焦区域可以快速对焦『焦距：28mm ┆光圈：F11 ┆快门速度：1/500s ┆感光度：ISO160』

高手点拨：使用此模式拍摄细小的或迅速移动的拍摄对象时，可能出现无法正确对焦的情况。

全部自动对焦区域 ALL

此模式实际是前面三种区域模式的组合，在此模式下用户可以转动后指令拨盘按单点、区以及广域（对焦模式 S）或跟踪（对焦模式 C）顺序循环切换自动对焦区域模式。这样的操作方式可以方便摄影师在拍摄过程中根据拍摄对象的运动状态，灵活选择对焦区域模式。

与其他模式不同的是，此模式会在屏幕上显示全部对焦点，使摄影师可以更直观地了解对焦情况。

▲ 全部自动对焦区域示意图

手选对焦点 / 对焦区域的方法

在 P、A、S 及 M 模式下，使用"单点"和"区"自动对焦区域模式都支持手动选择对焦点或对焦区域，以便根据对焦需要进行选择。

在选择对焦点 / 对焦区域时，倾斜对焦棒可以在 8 个方向上设置对焦点的位置，如果按下对焦棒则选择中央对焦点或中央对焦区。

另外，在单点自动对焦区域模式下，转动后指令拨盘可以选择 6 种对焦框大小，在区自动对焦区域模式下，转动后指令拨盘可以选择 3 种对焦框大小。按下后指令拨盘可将对焦框恢复原始大小。

▶ 设定方法

倾斜对焦棒可以选择对焦点或对焦区域框的位置，转动后指令拨盘可以调整对焦框的大小。

▲ 采用单点自动对焦区域模式并手动选择对焦点拍摄，保证了对人物的灵魂：眼睛进行准确的对焦『焦距：56mm ¦光圈：F2.8 ¦快门速度：1/640s ¦感光度：ISO200』

灵活设置自动对焦点辅助功能

按方向存储 AF 模式

在切换不同方向拍摄时，常常遇到的一个问题就是需要使用不同的自动对焦点。在实际拍摄时，如果每次切换拍摄方向时都重新选择对焦模式或对焦区域，无疑是非常麻烦的，利用"按方向存储 AF 模式"功能，可以实现在不同的拍摄方向拍摄时相机自动切换对焦模式和对焦区域的目的。

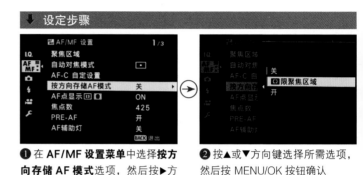

❶ 在 **AF/MF 设置菜单**中选择**按方向存储 AF 模式**选项，然后按▶方向键

❷ 按▲或▼方向键选择所需选项，然后按 MENU/OK 按钮确认

● 关：选择此选项，无论如何在横拍与竖拍之间进行切换，对焦模式和对焦区域的位置都不会发生变化。

● 限聚焦区域：选择此选项，在使用横向（风景方位）和竖向（人像方位）拍摄时，都可以分别选择对焦区域。

● 开：选择此选项，在使用横向(风景方位)和竖向(人像方位)拍摄时，都可以分别选择对焦模式和对焦区域。

设置自动对焦点数量

虽然富士 X-T4/T3 提供了多达 425 个对焦点，但并非拍摄所有题材时都需要使用全部的对焦点，我们可以根据实际拍摄需要选择可用的自动对焦点数量。

例如在拍摄人像时，少量的对焦点就已经完全可以满足拍摄需求了，同时也可以避免由于对焦点过多而导致手选对焦点这样过于复杂的问题。

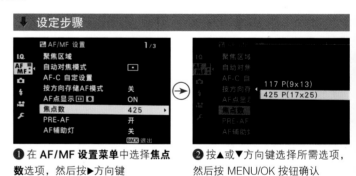

❶ 在 **AF/MF 设置菜单**中选择**焦点数**选项，然后按▶方向键

❷ 按▲或▼方向键选择所需选项，然后按 MENU/OK 按钮确认

人脸 / 眼部对焦优先设定

　　眼睛是心灵的窗户。在拍摄人像时，通常会对人眼进行对焦，从而让人物显得更有神采。但如果选择单点对焦区域模式，并将该对焦点调整到人物眼部进行拍摄，操作速度往往会比较慢。如果人物再稍有移动，可能还会造成对焦不准的情况。而使用富士 X-T4/T3 相机的脸部识别 / 眼睛识别功能，即可既快速，又准确地对焦到脸部或者眼睛。

设定步骤

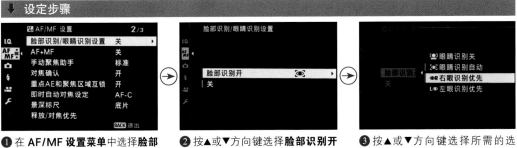

❶ 在 **AF/MF 设置菜单**中选择**脸部识别 / 眼睛识别设置**选项，然后按 ▶方向键

❷ 按▲或▼方向键选择**脸部识别开**选项，然后按▶方向键

❸ 按▲或▼方向键选择所需的选项，然后按 MENU/OK 按钮确认

● 眼睛识别关：选择此选项，相机仅智能识别画面中的脸部，并优先对所识别的面部对行对焦和曝光。

● 眼睛识别自动：选择此选项，当检测到脸部时，相机自动选择对焦于哪只眼睛。

● 右眼识别优先：选择此选项，当检测到脸部时，相机会优先对焦于所识别面部的右眼。

● 左眼识别优先：选择此选项，当检测到脸部时，相机会优先对焦于所识别面部的左眼。

● 关：选择此选项，相机将关闭智能脸部优先和眼睛优先功能。

拍摄位于自然环境中的人像时，启用人脸 / 眼部识别功能，可以轻松获得人物对焦清晰的画面『焦距：80mm┊光圈：F5.6┊快门速度：1/500s┊感光度：ISO250』

用自动对焦结合手动对焦功能精确对焦（AF+MF）

在拍摄距离较近、拍摄对象较小或较难对焦的景物时，可以使用富士 X-T4/T3 相机的"AF+MF"功能。开启此功能后，在 AF-S 模式下，先是由相机自动对焦，再由摄影师手动对焦。即拍摄时可以先半按快门按钮进行自动对焦，然后在解除对焦锁定的情况下，转动镜头对焦环手动进行微调，完成精确对焦后，直接完全按下快门按钮完成拍摄。

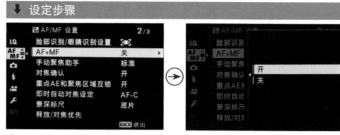

❶ 在 AF/MF 设置菜单中选择 AF+MF 选项，然后按▶方向键

❷ 按▲或▼方向键选择开或关选项，然后按 MENU/OK 按钮确认

对焦点显示

此菜单用于控制在区或广域/追踪自动对焦模式下，是否显示单个对焦点。

● ON：选择此选项，将在屏幕上显示单个自动对焦点。

● OFF：选择此选项，不会在屏幕上显示单个自动对焦点，而只显示对焦区域框。

❶ 在 AF/MF 设置菜单中选择 AF 点显示回回选项，然后按▶方向键

❷ 按▲或▼方向键选择 ON 或 OFF 选项，然后按 MENU/OK 按钮确认

预先自动对焦

富士 X-T4/T3 相机可以在"PRE-AF"菜单中，设置在半按快门进行自动对焦前，是否先自动对画面进行对焦，当用户半按快门时就可以获得更快速的对焦，对于抓拍非常有效。

此功能在拍摄对对焦要求不高的题材时，使用起来很方便，但是在拍摄环境复杂、对焦精度要求较高的画面时则不适用。开启此功能后，电池电量将会比关闭此功能耗费得快。

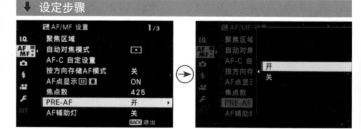

❶ 在 AF/MF 设置菜单中选择 PRE-AF 选项，然后按▶方向键

❷ 按▲或▼方向键选择开或关选项，然后按 MENU/OK 按钮确认

手动对焦实现准确对焦

如果在摄影中遇到下面的情况，相机的自动对焦系统往往无法准确对焦，此时应该使用手动对焦功能。但由于不同摄影师的拍摄经验不同，拍摄的成功率也有极大的差别。

● 画面主体处于杂乱的环境中，例如拍摄杂草后面的花朵等。
● 画面属于高对比、低反差的画面，例如拍摄日出、日落等。
● 在弱光环境下进行拍摄，例如拍摄夜景、星空等。
● 距离太近的题材，例如拍摄昆虫、花卉等。
● 主体被其他景物覆盖，例如拍摄动物园笼子里面的动物、鸟笼中的鸟等。
● 对比度很低的景物，例如拍摄蓝天、墙壁等。
● 距离较近且相似程度又很高的题材，例如旧照片翻拍等。

▶ 设定方法
拨动对焦模式选择器至 M 图标，即为手动对焦模式，在手动模式下，转动镜头上的对焦环对焦。

▲ 逆光下拍摄蜘蛛，由于蜘蛛体型较小，且拍摄环境较为杂乱，因此选择使用手动对焦模式，对蜘蛛进行精确对焦，确保其清晰对焦『焦距：100mm｜光圈：F6.3｜快门速度：1/640s｜感光度：ISO200』

Q：图像模糊不聚焦或锐度较低应如何处理？

A：出现这种情况时，可以从以下三个方面进行检查。

1.按快门按钮时相机是否产生了移动？按快门按钮时要确保相机稳定，尤其在拍摄夜景或在黑暗的环境中拍摄时，快门速度应高于正常拍摄条件下的快门速度。应尽量使用三脚架或遥控器，以确保拍摄时相机保持稳定。

2.镜头和主体之间的距离是否超出了相机的对焦范围？如果超出了相机的对焦范围，应该调整主体和镜头之间的距离。

3.自动对焦点是否覆盖了主体？相机会对焦自动对焦点覆盖的主体，如果自动对焦点无法覆盖主体，可以利用对焦锁定功能来解决。

X-T4/T3

辅助手动对焦的菜单功能

使用"对焦确认"辅助手动对焦

对焦确认功能的作用，就是在 AF-S 单次自动对焦或手动对焦模式下，相机会在电子取景器或 LCD 显示屏中放大照片，以辅助摄影师进行对焦操作。当此功能被设置为"开"时，只要转动对焦环调节对焦，取景器或 LCD 显示屏中的画面就会被自动放大，按下后指令拨盘的中央可使画面恢复到正常比例。

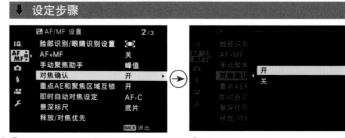

设定步骤

❶ 在 **AF/MF 设置**菜单中选择**对焦确认**选项，然后按▶方向键

❷ 按▲或▼方向键选择**开**或**关**项，然后按 MENU/OK 按钮确认

使用"手动聚焦助手"辅助手动对焦

"手动聚焦助手"功能可在手动对焦模式下使用液晶显示屏或电子取景器构图时，辅助摄影师确认对焦。

- 标准：选择此选项，需手动转动对焦环直至图像清晰显示。
- 数码裂像屏：选择此选项，将在画面中心显示一张分割黑白或彩色图像。拍摄时旋转对焦环直至分割图像变清晰并准确对齐。
- 数字微棱镜：选择此选项，将在画面中显示马赛克图像。拍摄时旋转对焦环直至图像变清晰。
- 峰值对焦：选择此选项，当拍摄对象对焦清晰时，其轮廓将高亮显示所选的色彩。拍摄时注意选择与拍摄主体反差较大的色彩，旋转对焦环直至其边缘出现标示色彩。

▲ "标准"对焦示例

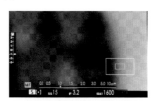

▲ "数字微棱镜"对焦示例

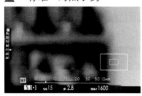

▲ "数码裂像屏"对焦示例

▲ "峰值对焦"对焦示例

设定步骤

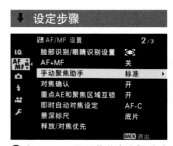

❶ 在 **AF/MF 设置**菜单中选择**手动聚焦助手**选项，然后按▶方向键

❷ 按▲或▼方向键选择所需的选项

❸ 当选择了**数码裂像屏**或**峰值对焦**选项时，还可以进一步进行设置

设置不同的驱动模式以拍摄运动或静止的对象

针对不同的拍摄任务，需要将快门设置为不同的驱动模式。例如，要抓拍高速移动的物体时，为了保证成功率，可以使相机设置为按下一次快门后，能够连续拍摄多张照片。

富士 X-T3 相机提供了单幅画面 **S**、高速连拍 **CH**、低速连拍 / 连拍 **CL**、包围 **BKT**、动画 📷、多重曝光 📷、创意滤镜 **ADV.**、全景 ▭ 等驱动模式，下面讲解前 4 种模式的使用方法，其他模式详见第 5 章。

单幅画面模式

在此模式下，每次按下快门时都只拍摄一张照片。单幅画面模式适用于拍摄静态对象，如风光、建筑、静物等题材。

▶ 设定方法

拨动驱动拨盘将 S（单张拍摄）图标对齐标志线。

> **提示**
>
> X-T4 相机驱动拨盘上没有动画模式、多重曝光模式，多了一个 HDR 模式。

▲ 使用单幅画面驱动模式拍摄的部分题材列举

连拍模式

在连拍模式下，每次从按下快门开始，直至释放快门为止，将连续拍摄多张照片。连拍模式在运动人像、动物、新闻、体育等题材中运用较为广泛，以便于记录精彩的瞬间。在拍摄完成后，从其中选择效果最佳的一张或多张即可，或者通过连拍获得一系列生动有趣的组照。

富士 X-T4/T3 相机提供了高速连拍和低速连拍两种模式，在高速模式下最高可以达到约 30 张 / 秒（仅限电子快门，1.25 倍裁切），在低速模式下的拍摄速度最高可以达到 5.7 张 / 秒（富士 X-T4 相机为 8 张 / 秒、X-T30 相机为 5 张 / 秒），应根据拍摄对象的运动幅度选择相应的连拍模式。

▶ 设定方法

拨动驱动拨盘将 CH 或 CL 图标对齐标志线。

▲ 使用高速连拍驱动模式抓拍两个女孩打闹的精彩画面

Q：为什么相机能够连续拍摄？

A：因为富士 X-T4/T3 有临时存储照片的内存缓冲区，因而在记录照片到存储卡的过程中可继续拍摄，受内存缓冲区大小的限制，最多可持续拍摄照片的数量是有限的。

Q：在弱光环境下，连拍速度是否会变慢？

A：连拍速度在以下情况可能会变慢：当相机剩余电量较低时，连拍速度会下降；在连续自动对焦模式下，因主体和使用的镜头不同，连拍速度可能会下降；当选择了"降噪功能"或在弱光环境下拍摄时，即使设置了较高的快门速度，连拍速度也可能变慢。

Q：连拍时快门为什么会停止释放？

A：在最大连拍数量少于正常值时，如果相机在中途停止连拍，可能是"降噪功能"被设置为较高数值导致的，因为当启用"降噪功能"时，相机将花费更多的时间进行降噪处理，因此将数据转存到存储空间的耗时会更长，相机在连拍时更容易被中断。

↓ 设定步骤

❶ 在**拍摄设置菜单**中选择 DRIVE **设置**选项，然后按▶方向键

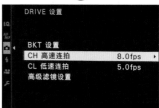

❷ 按▲或▼方向键选择 CH **高速连拍**选项，然后按▶方向键

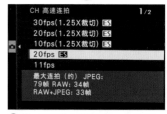

❸ 按▲或▼方向键选择一个选项，然后按 MENU/OK 按钮确认

包围曝光

包围曝光是指通过设置一定的曝光变化范围，然后分别拍摄曝光不足、曝光正常与曝光过度 3 张照片的拍摄技法。例如将其设置为 ±1EV 时，即代表分别拍摄减少 1 挡曝光、正常曝光和增加 1 挡曝光的 3 张照片，从而兼顾画面的高光、中间调及暗调区域的细节。富士 X-T4/T3 相机支持在 1/3EV~3EV 之间调节包围曝光。

▶ 设定方法
拨动驱动拨盘将 BKT 图标对齐标志线。

什么情况下应该使用包围曝光

如果拍摄现场的光线很难把握，或者拍摄的时间很短暂，为了避免曝光不准确而失去这次难得的拍摄机会，可以使用包围曝光功能来确保万无一失。此时可以通过设置包围曝光，使相机针对同一场景连续拍摄出 3 张曝光量略有差异的照片。每一张照片曝光量具体相差多少，可由摄影师自己确定。在具体拍摄过程中，摄影师无须调整曝光量，相机将根据设置自动在第一张照片的基础上增加、减少一定的曝光量拍摄出另外两张照片。

按此方法拍摄出来的三张照片中，总会有一张是曝光相对准确的照片，因此使用包围曝光功能能够提高拍摄的成功率。

自动曝光包围设置

使用富士 X-T4/T3 相机的包围曝光功能最多可以拍摄 9 张照片，得到增加曝光量、正常曝光量和减少曝光量这三种不同曝光结果的照片。

▼ 设定步骤

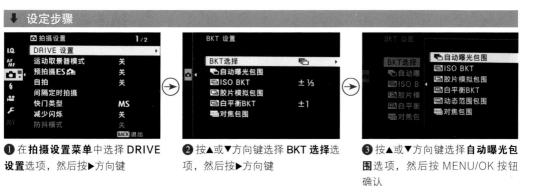

❶ 在**拍摄设置菜单**中选择 DRIVE **设置**选项，然后按▶方向键

❷ 按▲或▼方向键选择 **BKT 选择**选项，然后按▶方向键

❸ 按▲或▼方向键选择**自动曝光包围**选项，然后按 MENU/OK 按钮确认

为合成 HDR 照片拍摄素材

对于风光、建筑等题材而言，可以使用包围曝光功能拍摄出不同曝光结果的照片，并进行后期的 HDR 合成，从而得到高光、中间调及暗调都具有丰富细节的照片。

使用 CameraRaw 合成 HDR 照片

在本例中，由于环境的光比较大，因此拍摄了 4 张不同曝光的 RAW 格式照片，以分别显示出高光、中间调及暗部的细节，这是合成 HDR 照片的必要前提，会对合成结果产生很大的影响，而且 RAW 格式的照片本身具有极高的宽容度，能够合成出更好的 HDR 效果，然后只需要按照下述步骤在 Adobe CameraRAW 中进行合成并略微调整即可。

❶ 在Photoshop中打开要合成HDR的4幅照片，并启动CameraRaw软件。

❷ 在左侧列表中选中任意一张照片，按Ctrl+A键选中所有的照片。按Alt+M键，或单击列表右上角的菜单按钮☰，在弹出的菜单中选择"合并到HDR"选项。

❸ 在经过一定的处理过程后，将显示"HDR合并预览"对话框，通常情况下，以默认参数进行处理即可。

❹ 单击"合并"按钮，在弹出的对话框中选择文件保存的位置，并以默认的DNG格式进行保存，保存后的文件会与之前的素材一起显示在左侧的列表中。

❺ 至此，HDR合成就已经完成，摄影师可根据需要，在其中适当调整曝光及色彩等属性，直至满意为止。

▲ 选择"合并到 HDR"选项

▲ "HDR 合并预览"对话框

▲ 最终合成效果

设置自拍模式以便自己拍摄或合影

在自拍模式下，可以选择 2s 定时和 10s 定时两个选项，即在按下快门按钮后，分别于 2s 和 10s 后进行自动拍摄。

这种拍摄模式特别适合自拍、合影时使用，最好将相机置于稳定的物体上拍摄，以避免手持相机或手动按下快门时产生震动而导致照片模糊。

当按下快门按钮后，若启用了"自拍功能嘟嘟声音量"功能，自拍指示灯将开始闪烁并且发出提示声音，直到相机自动拍摄为止。

▶ 设定方法

按下 Q 按钮显示快速菜单，按▲、▼、◀、▶方向键选择自拍选项，然后转动后指令拨盘选择 2s 或 10s 进行自拍。

设定步骤

❶ 在拍摄设置菜单中选择自拍选项，然后按▶方向键

❷ 按▲或▼方向键选择 2 秒或 10 秒选项，然后按 MENU/OK 按钮确认

设定步骤

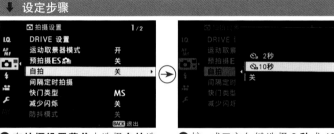

❶ 在设置菜单中选择声音设置选项，然后按▶方向键

❷ 按▲或▼方向键选择自拍功能嘟嘟声音量选项，然后按▶方向键

❸ 按▲或▼方向键选择音量或关选项，然后按 MENU/OK 按钮确认

◀ 将相机放在固定的物体上，然后设置好 10 秒的时间进行自拍，一个人也可以拍摄自己的照片『焦距：35mm ¦光圈：F8 ¦快门速度：1/200s ¦感光度：ISO160』

设置测光模式以获得准确的曝光

要想准确曝光，前提是必须做到准确测光，在使用除手动及 B 门以外的所有曝光模式拍摄时，都需要根据测光模式确定曝光组合。例如，在光圈优先曝光模式下，指定了光圈及 ISO 感光度数值后，可根据不同的测光模式确定快门速度值，以满足准确曝光的需求。因此，选择一个合适的测光模式，是获得准确曝光的重要前提。

多重测光 ⊙

多重测光是最常用的测光模式，使用此测光模式拍摄时，相机会将画面分为多个区域，并针对各个区域进行测光，然后相机将得到的测光数据进行加权平均，以得到适用于整个画面的曝光参数。

这种测光模式适用于拍摄画面亮度均匀且无明暗反差的场景，如风光、建筑题材。

▶ 设定方法
拨动测光拨盘将所需测光模式的图标对齐小白线，即可选择该测光模式。

提示
X-T4、X-T30相机没有测光拨盘，通过"测光"菜单选择测光模式。

▲ 使用多重测光模式拍摄的风景照片，画面中没有明显的明暗对比，可以获得曝光正常的画面效果『焦距：28mm ┊ 光圈：F8 ┊ 快门速度：1/4s ┊ 感光度：ISO320』

平均测光 【 】

在平均测光模式下，相机
将测量整个画面的平均亮度，
与多重测光模式相比，此模式
的优点是能够为多次拍摄持续
保持画面整体的曝光不变。即
使是在光线较为复杂的环境中
拍摄，使用此模式也能够使照
片的曝光更加协调。

▲ 使用屏幕平均测光模式拍摄风光时，在小幅度改变构图的情况下，曝
光可以保持在一个稳定的状态『焦距：18mm ┆光圈：F8 ┆快门速度：
1/125s ┆感光度：ISO100 』

中央重点测光 [◉]

在中央重点平均测光模式
下，测光会偏向画面的中央部位，
但也会同时兼顾其他部分。由于
测光时能够兼顾其他区域的亮
度，因此该模式既能实现画面中
央区域的精准曝光，又能保留部
分背景的细节。

这种测光模式适合拍摄主体
位于画面中央位置的场景，如人
像、建筑物、背景较亮的逆光对
象等。

┌─ 提示 ───
│ 在X-T4、X-T30相
│ 机中此模式被称为"中心
│ 加强"。

▲ 人物处于画面的中心位置，使用中央重点平均测光模式，可以使画面
中的主体人物获得准确的曝光『焦距：70mm ┆光圈：F2.8 ┆快门速度：
1/640s ┆感光度：ISO100 』

点测光 [•]

点测光也是一种高级测光模式,相机只对画面中央区域的很小部分(整个画面约 2.0% 的区域)进行测光,因此具有相当高的准确性。当主体和背景的亮度差较大时,尤其是拍摄剪影照片,最适合使用点测光模式拍摄。

由于点测光的测光面积非常小,在实际使用时,一定要准确地将测光点(中央对焦点或所选择的对焦点)对准在要测光的对象上。

此外,在拍摄人像时也常采用这种测光模式,将测光点对准在人物的面部或其他皮肤位置,即可使人物的皮肤获得准确曝光。

▲ 使用点测光对天空的中灰部进行测光,锁定曝光后重新构图,使墙体呈剪影状,而猫咪呈半剪影状,在淡紫色天空的衬托下,猫咪主体得到了很好的突出『焦距:18mm ┊光圈:F6.3 ┊快门速度:1/640s ┊感光度:ISO400』

设置对焦点与测光点联动

在单点对焦区域模式下,如果将测光模式设置为点测光模式时,并开启"重点 AE 和聚焦区域互锁"功能,可以使测光区域与对焦点联动。

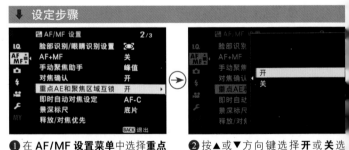

❶ 在 AF/MF 设置菜单中选择重点 AE 和聚焦区域互锁选项,然后按 ▶方向键

❷ 按▲或▼方向键选择开或关选项,然后按 MENU/OK 按钮确认

第 4 章 灵活使用曝光
模式拍出好照片

焦距：23mm | 光圈：F16 | 快门速度：5s | 感光度：ISO100

程序自动曝光模式 P

在此拍摄模式下，相机会基于一套算法来确定光圈与快门速度组合。通常，相机会自动选择一个适合手持拍摄并且不受相机抖动影响的快门速度，同时还会调整光圈以得到合适的景深，确保所有景物都能清晰呈现。

使用程序自动曝光模式拍摄时，摄影师仍然可以设置 ISO 感光度、白平衡、曝光补偿等参数。此模式的最大优点是操作简单、快捷，适合拍摄快照或那些不用十分注重曝光控制的场景，例如新闻、纪实摄影或进行偷拍、自拍等。

在实际拍摄中，相机自动选择的曝光设置未必是最佳组合。例如，摄影师可能认为按此快门速度进行手持拍摄不够稳定，或者希望使用更大的光圈，此时可以利用程序偏移功能进行调整。

在 P 模式下，先半按快门按钮，然后转动主拨盘直到显示所需要的快门速度或光圈数值，虽然光圈与快门速度数值发生了变化，但这些数值组合在一起仍然能够获得同样的曝光量。

在 P 模式下，旋转后指令拨盘可以选择不同的快门速度与光圈组合，虽然光圈与快门速度的数值发生了变化，但这些快门速度与光圈组合都可以得到同样的曝光量。若要取消程序切换，则关闭照相机即可。

▶ 设定方法

将光圈模式切换器切换至 A 端，快门速度拨盘旋转至 A，屏幕中将显示 P。在 P 模式下，可旋转后指令拨盘选择快门速度与光圈的其他组合。

▲ 使用程序自动模式时无需设置光圈、快门速度，因此在抓拍或拍摄纪实类题材时显得非常方便，拿起相机即可直接拍摄，不用担心出现曝光问题『焦距：80mm ┊ 光圈：F5.6 ┊ 快门速度：1/500s ┊ 感光度：ISO200』

提示

X-T4相机需先将STILL/MOVIE模式拨盘拨至STILL位置（切换其他模式时，若模式拨盘没拨至STILL位置，则也需要此步操作，后面不再讲解）。

X-T30相机则是先将自动模式选择器拨杆拨至 ●，后面其他操作步骤与X-T3相机一样。

提示

X-T30相机若将自动模式选择器拨杆拨至AUTO，将驱动模式选择为S，即为自动模式。在自动模式下，用户可以通过拍摄设置菜单中的"场景定位"菜单选择一种场景模式。

在"场景定位"菜单中可以选择高级SR自动、肖像、美肌、风景、运动、夜景、夜景（三脚架）、烟火、日落、雪景、海滩、潜水、聚会、花卉特写、文字等15种模式，这些模式均由相机自动控制曝光，使用时根据拍摄场景选择相应的模式即可。

快门优先曝光模式Tv

在 X-T4/T3 相机的快门优先模式下，用户可以在 1/8000~30s（X-T30 相机为 1/4000~30s）之间选择快门速度，然后相机会自动计算光圈的大小，以获得正确的曝光组合。

较高的快门速度可以凝固运动主体的动作或精彩瞬间，如运动的人物或动物、行驶的汽车、飞溅的浪花等；较慢的快门速度可以形成模糊效果，从而产生动感效果，如夜间的车流、如丝般的流水等。

▶ 设定方法

将光圈模式切换器切换至 A 端，按下快门速度拨盘锁定释放按钮，并旋转快门速度拨盘选择所需快门速度值，此时 LCD 显示屏中将出现 S。在 S 模式下，可以通过旋转后指令拨盘，以 1/3EV 为步长微调快门速度值；当快门速度拨盘旋转至 T 时，旋转后指令拨盘可以在 0~30 秒间选择一个快门速度。

▲ 使用快门优先模式并设置较高的快门速度，抓拍到了狗狗在水中奔跑的精彩瞬间『焦距：300mm ┊ 光圈：F6.3 ┊ 快门速度：1/1600s ┊ 感光度：ISO200 』

┌─ 提示 ─
X-T30相机需将自动模式选择器拨杆拨至 ●，将光圈模式切换器切换至A端，然后旋转快门速度拨盘选择所需快门速度值，当选择了 180× 以外的值时，可以转动后指令拨盘，以1/3EV为步长微调快门速度值。

▲ 用快门优先曝光模式将溪水拍出如丝般柔顺的效果『焦距：35mm ┊ 光圈：F14 ┊ 快门速度：1/2s ┊ 感光度：ISO100 』

 高手点拨：若在所选快门速度下无法获得正确的曝光，光圈将显示为红色。

光圈优先曝光模式 A

在光圈优先曝光模式下，相机会根据当前设置的光圈大小自动计算出合适的快门速度。使用光圈优先曝光模式可以控制画面的景深，在同样的拍摄距离下，光圈越大，则景深越小，即画面中的前景、背景的虚化效果就越好；反之，光圈越小，则景深越大，即画面中的前景、背景的清晰度就越高。

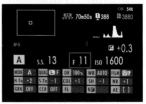

▶ 设定方法

将光圈模式切换器切换至 ✿ 端，按下快门速度拨盘锁定释放按钮并旋转快门速度拨盘选择 A，即可选择光圈优先模式。在 A 模式下，旋转镜头光圈环选择光圈值。

─ **提示** ─

X-T30相机需先将自动模式选择器拨杆拨至 ●，后面其他操作步骤与X-T3相机一样。

▲ 使用光圈优先曝光模式并配合大光圈的运用，可以得到非常漂亮的背景虚化效果，这也是人像摄影中很常见的一种表现形式『焦距：85mm ┆ 光圈：F2 ┆ 快门速度：1/200s ┆ 感光度：ISO160』

▲ 使用小光圈拍摄风光，画面有足够大的景深，前景与后景都能清晰呈现『焦距：24mm ┆ 光圈：F11 ┆ 快门速度：2s ┆ 感光度：ISO100』

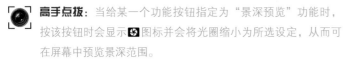

高手点拨：当给某一个功能按钮指定为"景深预览"功能时，按该按钮时会显示 ✿ 图标并会将光圈缩小为所选设定，从而可在屏幕中预览景深范围。

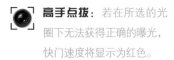

高手点拨：若在所选的光圈下无法获得正确的曝光，快门速度将显示为红色。

高手点拨：当光圈过大而导致快门速度超出了相机的极限时，如果仍然希望保持该光圈，可以尝试降低ISO感光度的数值，或使用中灰滤镜降低光线的进入量，从而保证画面曝光准确。

手动曝光模式 M

手动模式的优点

在手动曝光模式下，所有拍摄参数都需要摄影师手动进行设置，使用此模式拍摄有以下优点。

首先，使用 M 挡手动曝光模式拍摄时，当摄影师设置好恰当的光圈、快门速度数值后，即使移动镜头进行再次构图，光圈与快门速度的数值也不会发生变化。

其次，使用其他曝光模式拍摄时，往往需要根据场景的亮度，在测光后进行曝光补偿操作；而在 M 挡手动曝光模式下，由于光圈与快门速度的数值都是由摄影师设定的，在设定的同时就可以将曝光补偿考虑在内，从而省略了测光后曝光补偿的设置过程。因此，在手动曝光模式下，摄影师可以按自己的想法让影像曝光不足，以使照片显得较暗，给人忧伤的感觉；或者让影像稍微过曝，拍摄出明快的照片。

另外，当在摄影棚拍摄并使用频闪灯或外置非专用闪光灯时，由于无法使用相机的测光系统，而需要使用测光表或通过手动计算来确定正确的曝光值，此时就需要手动设置光圈和快门速度，从而实现正确的曝光。

设定方法

将快门速度拨盘和光圈模式切换器均设置为 A 以外的设定，即为 M 模式，此时屏幕中将出现 M 图标。在 M 模式下，旋转光圈环选择所需光圈值，按下快门速度拨盘锁定释放按钮，并旋转快门速度拨盘选择所需快门速度值，旋转后指令拨盘以 1/3EV 为步长微调快门速度值。

> **提示**
>
> X-T30 相机需将自动模式选择器拨杆拨至 ●，将快门速度拨盘和光圈模式切换器均设置为 A 以外的设定，即为 M 模式。

▲ 在影楼中拍摄人像常使用全手动曝光模式，由于光线稳定，基本上不需要调整光圈和快门速度，只需要改变焦距和构图即可

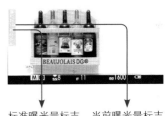

标准曝光量标志　　当前曝光量标志

高手点拨：在改变光圈或快门速度时，曝光量标志会左右移动，当曝光量标志位于标准曝光量标志的位置时，便能获得相对准确的曝光。

手动模式下预览曝光和白平衡

在手动模式下,当改变曝光补偿和白平衡时,通常可以在 LCD 显示屏中即刻观察到这些设置的改变对照片的影响,以正确评估照片是否需要修改或如何修改这些拍摄设置。

但如果不希望这些拍摄设置影响 LCD 显示屏中显示的照片,可以在"手动模式下预览曝光 / 白平衡"选项中关闭此功能。

● 预览曝光 / 白平衡:选择此选项,则在手动模式下修改曝光参数与白平衡时,LCD 显示屏将即刻显示出该设置对照片的影响。

● 预览白平衡:选择此选项,则 LCD 显示屏仅反映手动模式下修改白平衡设置对照片的影响。

● 关:选择此选项,则禁用手动模式下的曝光和白平衡预览。

↓ 设定步骤

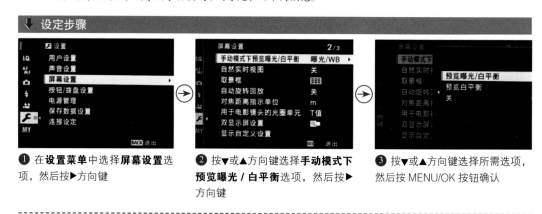

❶ 在**设置菜单**中选择**屏幕设置**选项,然后按▶方向键

❷ 按▼或▲方向键选择**手动模式下预览曝光 / 白平衡**选项,然后按▶方向键

❸ 按▼或▲方向键选择所需选项,然后按 MENU/OK 按钮确认

设置"自然实时视图"以预览效果

"自然实时视图"与上面的菜单功能类似,不同的是它不限于手动模式,并且是在 LCD 显示屏中显示胶片模拟、白平衡及其他设定的效果。

● 开:选择此选项,相机设定的效果在显示屏中将不明显,但低对比度、背光场景及其他难以看清的拍摄对象中的阴影细节更清晰。因此,显示屏中画面的色彩和色调将与最终照片有所不同,但显示屏可以显示创意滤镜以及黑白、棕褐色设定的效果。

● 关:选择此选项,可以在显示屏中进行预览胶片模拟、白平衡及其他设定的效果。

↓ 设定步骤

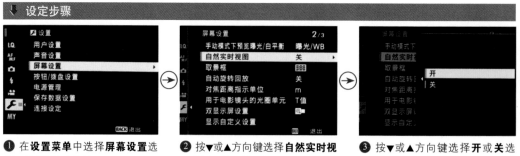

❶ 在**设置菜单**中选择**屏幕设置**选项,然后按▶方向键

❷ 按▼或▲方向键选择**自然实时视图**选项,然后按▶方向键

❸ 按▼或▲方向键选择**开**或**关**选项,然后按 MENU/OK 按钮确认

B 门曝光模式

　　使用 B 门模式拍摄时，持续地完全按下快门按钮时快门将保持打开，直到松开快门按钮时快门才被关闭，即完成整个曝光过程，因此曝光时间取决于快门按钮被按下与被释放的过程。B 门模式特别适合拍摄光绘、天体、焰火等需要长时间曝光并手动控制曝光时间的题材。为了避免画面模糊，使用 B 门模式拍摄时，应该使用三脚架及遥控快门线。

　　所有数码微单相机在其他模式一般都只支持最低30s的快门速度，也就是说，如果曝光时间比 30s 更长，只能利用 B 门模式手工控制曝光时间。富士 X-T4/T3 相机在 B 门模式下，快门最长可保持开启状态60 分钟。

> 提示
>
> 　　X-T30相机需将自动模式选择器拨杆拨至 ●，然后转动快门速度拨盘选择B图标，即为B门模式。

▶ 设定方法

按下快门速度拨盘锁定释放按钮并旋转快门速度拨盘选择 B，即为 B 门模式。将光圈模式切换器切换至 ◐ 端，旋转光圈环可以选择光圈值，若将光圈模式切换器切换至 A 端，则快门速度将固定为30 秒。

▲ 这幅拍摄了 24 分钟的照片，捕捉到了星星运动的轨迹，而如此长的曝光时间，也只有在 B 门模式下才可以完成
『焦距：35mm ┊光圈：F7.1 ┊快门速度：1440s ┊感光度：ISO100』

第 5 章 高级曝光及拍摄技巧

焦距：35mm ｜ 光圈：F3.5 ｜ 快门速度：1/320s ｜ 感光度：ISO160

通过直方图判断曝光是否准确

直方图的作用

　　直方图是相机曝光所捕获的影像色彩或影调的信息，是一种能够反映照片曝光情况的图示。

　　通过查看直方图所呈现的信息，可以帮助拍摄者判断曝光情况，并以此做出相应调整，以得到最佳曝光效果。另外，采用即时取景模式拍摄时，通过直方图可以检测画面的成像效果，给拍摄者提供重要的曝光信息。

　　很多摄影师都会陷入这样一个误区，就是看到显示屏上的影像很棒，便以为真正的曝光结果也会不错，但事实并非如此。

　　这是由于很多相机的显示屏处于出厂时的默认状态，对比度和亮度都比较高，令摄影师误以为拍摄到的影像很漂亮，倘若不看直方图，往往会感觉画面的曝光正合适，但在计算机屏幕上观看时，却发现有些暗部层次丢失了，即使使用后期处理软件挽回部分细节，效果也不是太好。

　　因此，在拍摄时要随时查看照片的直方图，这是唯一值得信赖的判断照片曝光是否正确的依据。

▲ 直方图呈现出山峰一样的形态，主峰位于中间调的区域，且不存在死黑或死白的区域，说明此照片为曝光正常图像『焦距：50mm ┊ 光圈：F11 ┊ 快门速度：1s ┊ 感光度：ISO100』

▶ 操作方法
　　在拍摄时要想查看直方图，可按 DISP/BACK 按钮直至显示直方图界面。

▶ 操作方法
　　在机身上按 ▶ 按钮播放照片，然后按 DISP/BACK 按钮直至显示直方图界面。

◉ **高手点拨**：直方图只是我们判断照片曝光是否准确的重要依据，而非评价照片优劣的依据。因为在特殊的表现形式下，曝光过度或曝光不足都可以呈现出独特的视觉效果。

利用直方图分区判断曝光情况

下面这张图标示出了直方图每个分区和图像亮度之间的关系，像素堆积在直方图左侧或者右侧的边缘便意味着部分图像是超出直方图范围的。其中右侧边缘出现黑色线条表示照片中有部分像素曝光过度，摄影师需要根据情况调整曝光参数，以避免照片中出现大面积曝光过度的区域。如果第8分区或者更高的分区有大量黑色线条，代表图像有部分较亮的高光区域，而且这些区域是有细节的。

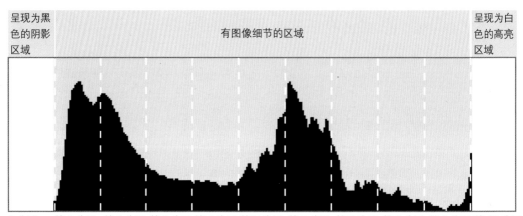

▲ 数码相机的区域系统

分区序号	说明	分区序号	说明
0分区	黑色	第6分区	色调较亮，色彩柔和
第1分区	接近黑色	第7分区	明亮、有质感，但是色彩有些苍白
第2分区	有些许细节	第8分区	有少许细节，但基本上呈模糊、苍白的状态
第3分区	细节呈现效果不错，但是色彩比较灰暗、模糊	第9分区	接近白色
第4分区	色调和色彩都比较暗	第10分区	纯白色
第5分区	中间色调、中间色彩		

▲ 直方图分区说明表

要注意的是，第0分区和第10分区分别指黑色和白色，虽然看起来大小与第1~9区相同，但实际上它只是代表直方图最左边（黑色）和最右边（白色），没有限定的边界。

认识 3 种典型的直方图

直方图的横轴表示亮度等级（从左至右对应从黑到白），纵轴表示图像中各种亮度像素数量的多少，峰值越高，则表示这个亮度的像素数量越多。

所以，拍摄者可通过观看直方图的显示状态来判断照片的曝光情况，若出现曝光不足或曝光过度，调整曝光参数后再进行拍摄，即可获得一张曝光准确的照片。

▲ 曝光过度

曝光过度的直方图

当照片曝光过度时，画面中会出现大片白色的区域，很多亮部细节都丢失了，反映在直方图上就是像素主要集中于横轴的右端（最亮处），并出现像素溢出现象，即高光溢出，而左侧较暗的区域则几乎无像素分布，故该照片在后期无法补救。

曝光准确的直方图

当照片曝光准确时，画面的影调较为均匀，且高光、暗部和阴影处均无细节丢失，反映在直方图上就是在整个横轴上，从最黑的左端到最白的右端都有像素分布，后期可调整的余地较大。

▲ 曝光准确

曝光不足的直方图

当照片曝光不足时，画面中会出现无细节的黑色区域，丢失了过多的暗部细节，反映在直方图上就是像素主要集中于横轴的左端（最暗处），并出现像素溢出现象，即暗部溢出，而右侧较亮区域少有像素分布，故该照片在后期也无法补救。

▲ 曝光不足

辩证地分析直方图

在使用直方图判断照片的曝光情况时，不能生搬硬套前面所讲述的理论，因为高调或低调照片的直方图看上去与曝光过度或曝光不足的直方图很像，但照片并非曝光过度或曝光不足，这一点从右边及下面展示的两张照片及其相应的直方图中就可以看出来。

因此，检查直方图后，要视具体拍摄题材和所想要表现的画面效果，灵活调整曝光参数。

▲ 直方图中的线条主要分布在右侧，但这幅作品是典型的高调人像照片，所以应与曝光过度照片的直方图区别看待『焦距：50mm ┊光圈：F3.5 ┊快门速度：1/1000s ┊感光度：ISO200』

▲ 这是一幅典型的低调效果照片，画面中暗调面积较大，直方图中的线条主要分布在左侧，但这是摄影师刻意追求的效果，与曝光不足有本质上的不同

设置曝光补偿让曝光更准确

曝光补偿的含义

相机的测光是基于 18% 中性灰建立的。由于微单相机的测光主要是由景物的平均反光率确定的，而除了反光率比较高的场景（如雪景、云景）及反光率比较低的场景（如煤矿、夜景），其他大部分场景的平均反光率都在 18% 左右，这一数值正是灰度为 18% 物体的反光率。因此，可以简单地将相机的测光原理理解为：当拍摄场景中被摄物体的反光率接近于 18% 时，相机就会做出正确的测光。

所以，在拍摄一些极端环境，如较亮的白雪场景或较暗的弱光环境时，相机的测光结果就是错误的，此时就需要摄影师通过调整曝光补偿来得到想要的拍摄结果，具体方法如下图所示。

通过调整曝光补偿数值，可以改变照片的曝光效果，从而使拍摄出来的照片传达出摄影师的表现意图。例如，通过增加曝光补偿，照片轻微曝光过度以得到柔和的色彩与浅淡的阴影，使照片有轻快、明亮的效果；或者通过减少曝光补偿，照片变得阴暗。

在拍摄时，是否能够主动运用曝光补偿技术，是判断一位摄影师是否真正理解摄影的光影奥秘的标志之一。

曝光补偿通常用类似 " ±nEV " 的方式来表示。"EV" 是指曝光值，"+1EV" 是指在自动曝光的基础上增加 1 挡曝光；"–1EV" 是指在自动曝光的基础上减少 1 挡曝光，以此类推。富士 X–T4/T3 相机的曝光补偿范围为 –5.0EV~+5.0EV，可以以 1/3EV 为单位对曝光进行调整。

▶ 设定方法

转动曝光补偿拨盘，将所需曝光补偿值对齐左侧白线处。选择 + 数值，将增加曝光补偿，照片变亮；选择 – 数值，将减少曝光补偿，照片变暗。当曝光补偿拨盘旋转至 C 时，可通过旋转前指令拨盘将曝光补偿设为 –5EV 至 +5 EV 之间。

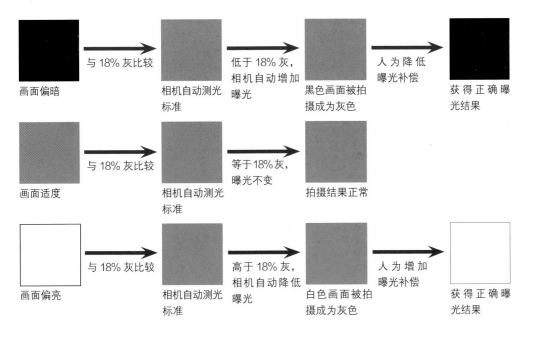

画面偏暗 → 与 18% 灰比较 → 相机自动测光标准 → 低于 18% 灰，相机自动增加曝光 → 黑色画面被拍摄成为灰色 → 人为降低曝光补偿 → 获得正确曝光结果

画面适度 → 与 18% 灰比较 → 相机自动测光标准 → 等于 18% 灰，曝光不变 → 拍摄结果正常

画面偏亮 → 与 18% 灰比较 → 相机自动测光标准 → 高于 18% 灰，相机自动降低曝光 → 白色画面被拍摄成为灰色 → 人为增加曝光补偿 → 获得正确曝光结果

增加曝光补偿还原白色雪景

很多摄影初学者在拍摄雪景时，往往会把白雪拍成灰色，主要问题就是在拍摄时没有设置曝光补偿。

由于雪对光线的反射十分强烈，因此相机的测光结果会对其出现较大的偏差。而如果能在拍摄前增加一挡左右曝光补偿（具体曝光补偿的数值要视雪景的面积而定，雪景面积越大，曝光补偿的数值也应越大），就可以拍摄出色彩洁白的雪景。

▲ 在拍摄时增加 1 挡曝光补偿，使雪的颜色显得很白『焦距：60mm ┊ 光圈：F7.1 ┊ 快门速度：1/200s ┊ 感光度：ISO200』

降低曝光补偿还原纯黑

当拍摄主体位于黑色背景前时，如果按相机默认的测光结果拍摄，黑色往往显得有些灰旧。为了得到纯黑的背景，需要使用曝光补偿功能来适当降低曝光量，以此来得到想要的效果（具体曝光补偿的数值要视暗调背景的面积而定，面积越大，曝光补偿的数值也应越大）。

▲ 在拍摄时减少了 1 挡曝光补偿，从而获得了黑色的背景，使花朵在画面中显得特别突出『焦距：200mm ┊ 光圈：F5.6 ┊ 快门速度：1/160s ┊ 感光度：ISO200』

正确理解曝光补偿

许多摄影初学者在刚接触曝光补偿时，以为使用曝光补偿就可以在曝光参数不变的情况下，提亮或加暗画面，这是错误的。

实际上，曝光补偿是通过改变光圈或快门速度来提亮或加暗画面的，即在光圈优先曝光模式下，如果想要增加曝光补偿，实际上是通过降低快门速度来实现的；反之，如果想要减少曝光补偿，则通过提高快门速度来实现。在快门优先曝光模式下，如果想要增加曝光补偿，实际上是通过增大光圈来实现的（当光圈不过达到镜头所标示的最大光圈时，曝光补偿就不再起作用）；反之，如果想要减少曝光补偿，则通过缩小光圈来实现。

下面通过展示两组照片及其拍摄参数来佐证这一点。

▲ 焦距：80mm 光圈：F4.5 快门速度：1/20s 感光度：ISO200 曝光补偿：−1EV

▲ 焦距：80mm 光圈：F4.5 快门速度：1/15s 感光度：ISO200 曝光补偿：−0.5EV

▲ 焦距：80mm 光圈：F4.5 快门速度：1/10s 感光度：ISO100 曝光补偿：0EV

▲ 焦距：80mm 光圈：F4.5 快门速度：1/8s 感光度：ISO100 曝光补偿：+0.5EV

从上面展示的 4 张照片可以看出，在光圈优先曝光模式下，使用曝光补偿实际上是改变了快门速度。

▲ 焦距：80mm 光圈：F7.1 快门速度：1/80s 感光度：ISO800 曝光补偿：−0.7EV

▲ 焦距：80mm 光圈：F5.6 快门速度：1/80s 感光度：ISO800 曝光补偿：0EV

▲ 焦距：80mm 光圈：F4.5 快门速度：1/80s 感光度：ISO800 曝光补偿：+0.7EV

▲ 焦距：80mm 光圈：F4.5 快门速度：1/80s 感光度：ISO800 曝光补偿：+1.3EV

从上面展示的 4 张照片可以看出，在快门优先曝光模式下，使用曝光补偿实际上是改变了光圈大小。

Q：为什么有时即使不断增加曝光补偿，所拍摄出来的画面仍然没有变化？

A：发生这种情况，通常是由于曝光组合中的光圈值已经达到了镜头的最大光圈限制导致的。

利用曝光锁定功能锁定曝光值

利用曝光锁定功能可以在测光期间锁定曝光值。此功能的作用是，允许摄影师针对某一个特定区域进行对焦，而对另一个区域进行测光，从而拍摄出重要部分曝光正常的照片。

富士 X-T3 相机的曝光锁定按钮在机身上显示为"AE-L"。使用曝光锁定功能的方便之处在于，即使我们松开半按快门的手，重新进行对焦、构图，只要一直按住曝光锁定按钮，那么相机还是会以刚才锁定的曝光参数进行曝光。

进行曝光锁定的操作方法如下：

❶ 对准选定区域进行测光，如果该区域在画面中所占比例很小，则应靠近被摄物体，使其充满画面的中央区域。

❷ 半按快门，此时在屏幕中会显示一组光圈和快门速度组合数据。

❸ 释放快门，按住曝光锁定按钮 AE-L，相机会记住刚刚得到的曝光值。

❹ 重新取景构图、对焦，完全按下快门即可完成拍摄。

在默认设置下，只有保持住住 AE-L 按钮才能锁定曝光，在重新构图时有时候不方便，此时可以在"AE/AF-LOCK 设定"菜单中，选择"AE/AF-LOCK 开关切换"选项，这样就可以按一下 AE-L 按钮就锁定曝光，当快门释放或再次按 AE-L 按钮时即解除锁定曝光，摄影师可以更灵活、方便地改变焦距构图或切换对焦点的位置。

▲ 先对人物的面部进行测光，锁定曝光并重新构图后再进行拍摄，从而保证面部获得正确的曝光『焦距：50mm ¦ 光圈：F2.8 ¦ 快门速度：1/200s ¦ 感光度：ISO250』

▲ 富士 X-T3 相机的曝光锁定按钮

▲ 富士 X-T4 相机的曝光锁定按钮

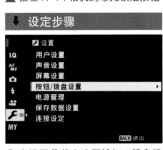

❶ 在设置菜单中选择按钮 / 拨盘设置选项，然后按▶方向键

❷ 按▲或▼方向键选择 AE/AF-LOCK 设定选项，然后按▶方向键

❸ 按▲或▼方向键选择 AE/AF-LOCK 开关切换选项，然后按 MENU/OK 按钮确认

拍摄大光比画面需要设置的菜单功能

丰富高光区域的细节

在拍摄有大面积高亮区域的照片时，容易这些区域的细节，通过设置"高光色调"菜单选项，可以有效地改善高亮区域细节缺失的问题。

> **提示**
>
> X-T4相机通过快捷菜单调节"高光色调"或者通过"色调曲线"功能调节高光区域。"阴影色调"同理。

 高手点拨：如果不想分别调整"高光色调""阴影色调"以及"动态范围"的参数值，则可以启用"D范围优先级"功能，这样将由相机自动调整大光比画面中的高光与阴影区域。

设定步骤

❶ 在**图像质量设置菜单**中选择**高光色调**选项，然后按▶方向键

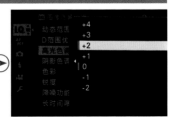

❷ 按▲或▼方向键选择所需数值，然后按 MENU/OK 按钮确认

▲ 选择"+2"选项时，画面对比度较高，比较明亮

▲ 选择"–2"选项时，画面比较柔和，高光区域细节更多

丰富阴影区域的细节

"阴影色调"菜单的功能与"高光色调"菜单的功能类似，均可以改善照片局部的细节，只是"阴影色调"菜单改善的是照片阴影区域的细节。

设定步骤

❶ 在**图像质量设置菜单**中选择**阴影色调**选项，然后按▶方向键

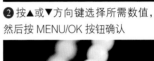

❷ 按▲或▼方向键选择所需数值，然后按 MENU/OK 按钮确认

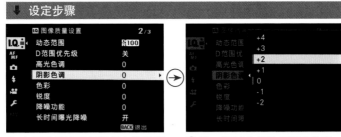

▲ "–2"选项的拍摄效果　　▲ "0"选项的拍摄效果　　▲ "+2"选项的拍摄效果

均衡画面的高光与阴影

由于数码相机的宽容度有限，因此，在拍摄光比较大的画面时容易丢失细节。例如，在直射的明亮阳光下拍摄时，照片中的阴影区域或高光区域通常细节较少。

动态范围功能的作用是降低画面反差，防止照片的高光区域完全变白而显示不出任何细节，同时避免阴影区域完全变黑而丢失细节，从而获得曝光均匀的照片。因此，适合拍摄大光比或明暗反差较大的场景时使用。

所选择的级别数值越高，相机修改照片中高光与阴影区域的强度越大；若选择了"自动"选项，相机将根据拍摄对象和环境自动选择100%或200%选项，确保画面的亮度和色调都有一定的细节。

需要注意的是，200%选项在感光度ISO320~ISO12800时可用，400%选项在感光度ISO640~ISO12800时可用，并且使用较高数值拍摄照片时，可能会出现噪点。

通过对比设置不同选项的"动态范围"功能拍摄的照片，可以看出将"动态范围"设为"400%"拍摄的画面高光部分得到了压低，处于阴影部分的头发也得到了提亮『焦距：55mm 光圈：f/4 快门速度：1/400s 感光度：800』

设定步骤

❶ 在**图像质量设置菜单**中选择**动态范围**选项，然后按▶方向键

❷ 按▲或▼方向键选择所需数值，然后按 MENU/OK 按钮确认

利用间隔定时器功能进行延时摄影

延时摄影又称"定时摄影",即利用相机的"间隔定时器"功能,每隔一定的时间拍摄一张照片,最终形成一组具有完整过程的照片,用这些照片生成的视频能够呈现出电视上经常看到的花朵开放、城市变迁、风起云涌的效果。

例如,花蕾的开放约需三天三夜共 72 小时,但如果每半小时拍摄一张照片,顺序记录其开花的过程,需拍摄 144 张照片,当把这些照片生成视频并以正常帧频率放映时(每秒 24 幅),在 6 秒钟之内即可重现花朵三天三夜的开放过程,能够给人强烈的视觉震撼。延时摄影通常用于拍摄城市风光、自然风景、天文现象、生物演变等题材。

🔻 设定步骤

  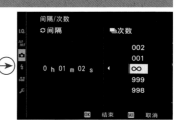

❶ 在**拍摄设置菜单**中选择**间隔定时拍摄**选项,然后按▶方向键

❷ 按◀或▶方向键选择间隔数值框,然后按▲或▼方向键选择所需的数值

❸ 按◀或▶方向键选择次数数值框,然后按▲或▼方向键选择所需的数值,设定完成后按 MENU/OK 按钮确认

● 间隔:选择两次拍摄之间的间隔时间。

● 次数:选择间隔拍摄的总张数。可以在 1 张到 999 张之间设定,若选择了"∞"选项,则会持续拍摄直至存储卡已满。

使用富士 X-T4/T3 进行延时摄影要注意以下几点。

● 不能使用自动白平衡,而是需要通过手调色温的方式设置白平衡。

● 一定要使用三脚架进行拍摄,否则在最终生成的视频短片中就会出现明显的跳动画面。

● 将对焦方式切换为手动对焦。

● 按短片的帧频与播放时长来计算需要拍摄的照片张数,例如,按 25fps 拍摄一个播放 10 秒的视频短片,就需要拍摄 250 张照片,而在拍摄这些照片时,彼此之间的时间间隔则是可以自定义的,可以是 1 分钟,也可以是 1 小时。

┌─ 提示 ─
│   X-T4 相机还可以设置"间隔定时拍摄平滑曝光"菜单,开启此功能可以在间隔拍摄自动调节画面曝光。

▲ 利用间隔定时拍摄功能记录下了睡莲绽放的过程

使用 Wi-Fi 功能拍摄的三大优势

自拍时摆造型更自由

Wi-Fi 无线自拍示意图

使用手机自拍，虽然操作方便、快捷，但效果不尽如人意。而使用数码微单相机自拍时，虽然效果很好，但操作起来却很麻烦。通常在拍摄前要选好替代物，以便于相机锁定焦点，在拍摄时还要准确地站立在替代物的位置，否则有可能导致焦点不实，更不用说还存在是否能捕捉到最灿烂笑容的问题。

但如果使富士 X-T4/T3 相机的 Wi-Fi 功能，则可以很好地解决这一问题。只要将智能手机注册到富士 X-T4/T3 相机的 Wi-Fi 网络中，就可以将相机 LCD 显示屏中显示的影像，以直播的形式显示到手机屏幕上。这样在自拍时就能够很轻松地确认自己有没有站对位置、脸部是否在是最漂亮的角度、笑容够不够灿烂等问题，通过手机屏幕观察后，就可以直接用手机控制快门进行拍摄。

在拍摄时，首先要用三脚架固定相机；然后再找到合适的背景，通过手机观察自己所站的位置是否合适，自由地摆出个人喜好的造型，并通过手机确认姿势和构图；最后直接通过手机控制释放快门完成拍摄。

▼ 使用 Wi-Fi 功能可以在离相机较远的距离进行自拍，不用担心自拍延时时间不够用，又省去了来回奔跑看照片的麻烦，最方便的是可以有更充足的时间摆好姿势『焦距：80mm ┆光圈：F2.8 ┆快门速度：1/500s ┆感光度：ISO400』

在更舒适的环境下遥控拍摄

有过野外拍摄星轨经历的摄友，大多都体验过刺骨的寒风和蚊虫的叮咬。这是由于拍摄星轨通常都需要长时间曝光，而且为了避免受到城市灯光的影响，拍摄地点通常选择在空旷的野外。因此，虽然拍摄的成果令人激动，但拍摄的过程的确是一种煎熬。

利用富士 X-T4/T3 相机的 Wi-Fi 功能可以很好地解决这一问题。只要将智能手机注册到富士 X-T4/T3 相机的 Wi-Fi 网络中，摄影师就可以在遮风避雨的拍摄场所，如汽车内、帐篷中，通过智能手机进行拍摄。

这一功能对于喜好天文和野生动物摄影的摄友而言，绝对值得尝试。

在车内遥控拍摄

以特别的角度轻松拍摄

虽然，富士 X-T4/T3 的 LCD 显示屏是可翻折屏幕，但如果以较低的角度进行拍摄，仍然不是很方便，利用富士 X-T4/T3 相机的 Wi-Fi 功能可以很好地解决这一问题。

当需要以非常低的角度拍摄时，可以在拍摄位置固定好相机，然后通过智能手机的实时显示的画面查看图像并释放快门。即使在拍摄时需要将相机贴近地面进行拍摄，拍摄者也只需站在相机的旁边，通过手机观察并控制快门，轻松、舒适地抓准时机进行拍摄。

除了以非常低的角度进行拍摄外，当以一个非常高的角度进行拍摄时，也可以使用这种方法。

低角度遥控拍摄

◀ 使用 Wi-Fi 功能可以以更低的视角拍摄，在拍摄花卉时可以实现离机拍摄，比可倾斜屏还好用，特别是可以避免摄影师蹲下去拍摄的烦恼『焦距：35mm ┊ 光圈：F5.6 ┊ 快门速度：1/640s ┊ 感光度：ISO200』

通过智能手机遥控富士微单的操作步骤

使用智能手机遥控富士微单时，不仅需要在智能手机中安装 Fujifilm CameraRemote 程序，还需要进行相应设置，下面介绍通过智能手机与的 Wi-Fi 进行连接的流程与步骤。

在智能手机上安装 Fujifilm CameraRemote

智能手机与富士 X–T4/T3 的 Wi-Fi 不能够直接进行连接，必须要先安装 Fujifilm CameraRemote。Fujifilm CameraRemote 可在富士 X–T4/T3 与智能设备之间建立双向无线连接，可将使用照相机所拍的照片下载至智能设备中，也可以在智能设备上显示照相机镜头视野从而遥控照相机。

如果使用的是苹果手机，可从 AppStore 下载安装 Fujifilm Camera Remote 的 iOS 版本；如果手机的操作系统是安卓系统，则可以从应用市场或富士官网下载 Fujifilm Camera Remote 的安卓版本。

▲ Fujifilm CameraRemote 程序图标

配对注册

连接智能手机之前，需要先在"Bluetooth 设置"中将"Bluetooth 开 / 关"设置为"开"，然后选择"配对注册"选项，再启动智能设备上的 Fujifilm Camera Remote 并轻触配对注册。

🔽 设定步骤

❶ 在**设置菜单**中选择**连接设定**选项，然后按▶方向键

❷ 按▲或▼方向键选择 **Bluetooth 设置**选项，然后按▶方向键

❸ 按▲或▼方向键选择 **Bluetooth 开 / 关**选项，然后按▶方向键

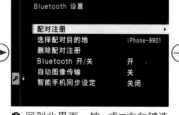

❹ 按▲或▼方向键选择**开**选项，然后按 MENU/OK 按钮确认

❺ 回到此界面，按▲或▼方向键选择**配对注册**选项，然后按▶方向键

❻ 此时需按照屏幕上的提示进行操作

利用智能手机接入蓝划配对的相机

在这一步骤中需要启用智能手机的蓝牙功能，并打开 Fujifilm Camera Remote 软件，接入富士 X-T4/T3 相机的配对连接。通过蓝牙配对的操作，相机与智能手机间的 Wi-Fi 连接会更加稳定。

↓ 设定步骤

❶ 在软件中点击 X 系统按钮

❷ 点击可换镜头相机按钮

❸ 点击 X-T3 按钮

❹ 点击进行设置按钮

❺ 点击继续按钮

❻ 将显示所检测到的相机型号，点击该型号按钮

❼ 显示"连接中请稍候"

❽ 连接成功后的状态。此时需在相机上确认时间设置，然后在手机上点击开始按钮

启用 Wi-Fi 功能

蓝牙配对完成后，需要启用富士 X-T4/T3 相机的 Wi-Fi 功能。

① 设定步骤

❶ 在**拍摄设置**菜单中选择**无线通信**选项，然后按▶方向键

❷ 屏幕上将显示此界面，此时会在 Fujifilm CameraRemote 软件上跳出加入 X-T3 局域网的提示，在软件上选择加入选项

❸ Fujifilm CameraRemote 软件连接成功后，选择导入图像选项，相机屏幕上会显示此提示，按 MENU/OK 按钮确认连接即可

在手机上查看及传输照片

通过 Fujifilm CameraRemote 软件，可以将存储卡中的照片显示到智能手机上，用户可以查看并传输到手机，从而实现即拍即分享。

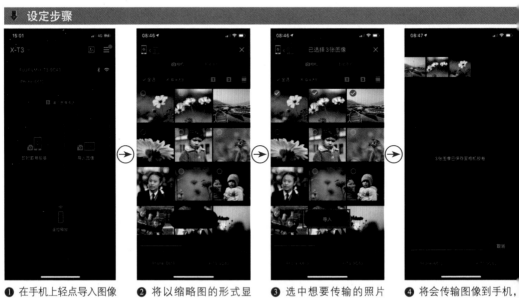

① 设定步骤

❶ 在手机上轻点导入图像图标，即可进入图像列表

❷ 将以缩略图的形式显示相机上的照片

❸ 选中想要传输的照片添加勾选标志，选好后点击导入图标

❹ 将会传输图像到手机，传输完成后即可在手机相册中找到该照片

用智能手机进行遥控拍摄

在 Fujifilm CameraRemote 软件的实时操控画面中，用户可以在手机上调整光圈、感光度、曝光补偿、白平衡和胶片模拟的设置。拍摄完成后，可以选择将照片从相机复制到手机中，或者直接浏览相机中以前拍摄的照片。

设定步骤

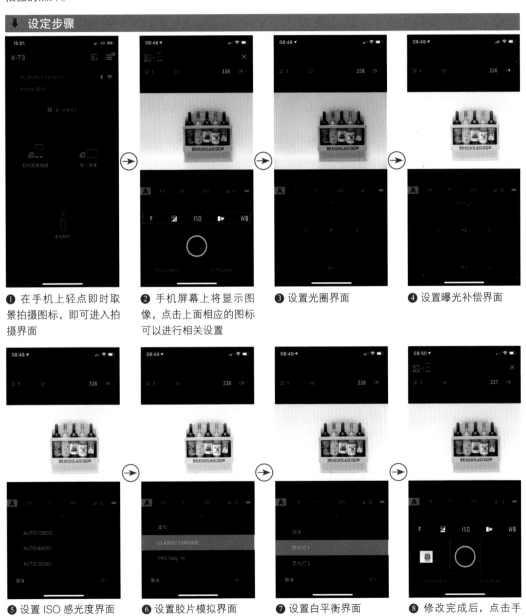

❶ 在手机上轻点即时取景拍摄图标，即可进入拍摄界面

❷ 手机屏幕上将显示图像，点击上面相应的图标可以进行相关设置

❸ 设置光圈界面

❹ 设置曝光补偿界面

❺ 设置 ISO 感光度界面

❻ 设置胶片模拟界面

❼ 设置白平衡界面

❽ 修改完成后，点击手机上的快门图标进行拍摄，拍摄好的照片会在左下角显示缩略图

拍摄全景照片

　　当拍摄风光、建筑等宏大场景题材时，若想将眼前所看到的景色体现在一张照片上，形成气势恢宏的全景照片，通常需要拍摄多张素材照片，然后通过后期合成的方法得到全景照片。

　　使用富士 X-T4/T3 则可以通过"全景"驱动模式，摄影师可以通过"扫描"的方式，直接拍出拼接好的全景照片，无需烦琐的后期处理，可以说这是一个方便、实用的功能。具体步骤如下：

　　❶ 拨动驱动拨盘选择 ▭（全景）。

　　❷ 拍摄前，按◀方向键设置将在拍摄过程中转动相机的角度大小，按▲或▼方向键选择一个数值并按 MENU/OK 按钮确认。

　　❸ 按▶方向键可以设置拍摄方向，按▲或▼方向键选择一个拍摄方向并按下 MENU/OK 按钮确认。

　　❹ 完全按下快门按钮开始拍摄，拍摄过程中无须一直按住快门按钮，只需按 LCD 显示屏指示，匀速移动相机进行拍摄，当相机转动到引导线的末端且全景拍摄完成时，拍摄自动结束。

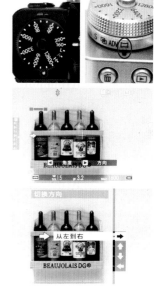

▶ 设定方法

按箭头所示方向，拨动驱动拨盘将 ▭ 图标对齐标志线处，即为全景照相模式。在全景模式下，按◀方向键可以调整角度，按▶方向键可以调整方向。

▲ 使用全景拍摄模式，拍摄出恢宏大气的超宽画幅摄影作品

利用多重曝光功能拍摄明月

富士 X-T3 的多重曝光功能支持 2 张照片的合并，即分别拍摄 2 张照片，然后相机会自动将其融合在一起，以得到一张具有蒙太奇效果的照片。

下面将以 X-T3 相机拍摄月亮为例，详细介绍设置多重曝光的方法。

❶ 拨动驱动拨盘选择■。

❷ 开始拍摄第 1 张照片。在拍摄第 1 张照片时，用镜头的中焦或广角端拍摄全景，当然画面中不要出现月亮图像，但要为月亮图像留出一定的空白位置。

❸ 按 MENU/OK 按钮，相机将提示拍摄第 2 张照片。此时若要返回步骤❷并重拍第 1 张照片，按◀方向键即可。

❹ 开始拍摄第 2 张照片。拍摄第 2 张照片时，使用镜头的长焦端对月亮进行构图并拍摄。

❺ 按 MENU/OK 按钮，相机将创建多重曝光照片，得到一张具有蒙太奇效果的新照片。若想重拍第 2 张照片，按◀方向键返回步骤❹拍摄即可。

▶ 设定方法

拨动驱动拨盘将■图标对齐标志线处，即为多重曝光模式。

在多重曝光拍摄界面中进行构图并拍摄第一张照片，然后按 MENU/OK 进入第二张照片拍摄，此时首次拍摄的照片将叠加于镜头视野上显示，以方便第二张照片构图，调整好构图后按 MENU/OK 将创建多重曝光照片。

▲ 第一次使用广角端拍摄大场景，第二次使用长焦端只对天空中的大月亮进行拍摄，但要控制月亮的大小，太大会显得不自然，而太小又失去了多重曝光的意义

┌ 提示 ─────
　　X-T4相机通过"拍摄设置"菜单中的"多重曝光"功能启用多重曝光拍摄。在"多重曝光"菜单中用户还可以选择照片之间的融合方式。
└──────────

利用创意滤镜功能为拍摄增添趣味

虽然使用现在流行的后期处理软件，可以很方便地为照片添加各种效果，但考虑到有一些摄影师并不习惯于使用数码照片后期处理软件，因此富士 X-T4/T3 相机提供了能够直接为照片添加多种滤镜效果的"创意滤镜"功能，以便拍摄出具有玩具相机、微缩景观、流行色彩、局部色彩、柔焦等创意色调和效果的个性化照片。

▶ 设定方法

拨动驱动拨盘将 ADV. 图标对齐标志线处，即为创意滤镜模式。

提示

X-T30相机有ADV.1和ADV.2两个选项，可以通过"DRIVE设置"中的"ADV.滤镜1选择"或"Adv.滤镜2选择"菜单，选择当驱动模式拨盘拨至Adv.1和Adv.2时将使用的滤镜模式。

↓ 设定步骤

❶ 在**拍摄设置菜单**中选择 DRIVE **设置**选项，然后按▶方向键

❷ 按▲或▼方向键选择**高级滤镜设置**选项，然后按▶方向键

❸ 按▲或▼方向键选择所需的滤镜选项，然后按 MENU/OK 按钮确认

● 玩具相机：选择此选项，可创建四角暗淡且色彩鲜明的玩具相机照片效果。

● 微缩景观：选择此选项，可创建模糊顶部和底部，如微缩景观模型一样的照片。

● 流行色彩：选择此选项，可增加饱和度来强调画面色调，使画面更加生动。

● 高调：选择此选项，可以创建明亮的低对比度图像，比较适合拍摄唯美人像。

● 暗调：选择此选项，可创建带有少量强调高光区域的统一深色调效果的照片。

● 动态色调：选择此选项，可使用动态色调表现以获得奇幻效果。

● 柔焦：选择此选项，可创建柔和光线照射效果的照片，比较适合拍摄唯美人像。

● 局部色彩（红）：选择此选项，将创建保留画面中的红色，而其他颜色转变为黑白的照片。

● 局部色彩（橙）：选择此选项，将只保留画面中的橙色。

● 局部色彩（黄）：选择此选项，将只保留画面中的黄色。

● 局部色彩（绿）：选择此选项，将只保留画面中的绿色。

● 局部色彩（蓝）：选择此选项，将只保留画面中的蓝色。

● 局部色彩（紫）：选择此选项，将只保留画面中的紫色。

▶ 使用柔焦模式拍摄花朵，使画面多了一份浪漫与妩媚的感觉『焦距：70mm┆光圈：F5.6┆快门速度：1/400s┆感光度：ISO160』

利用胶片模拟增强照片视觉效果

简单来说，胶片模拟就是模拟不同类型胶片相机的拍摄效果。例如，在拍摄风光题材时，可以选择色彩较为艳丽、锐度和对比度都较高的"鲜艳"风格，使拍摄出来的风景照片细节更清晰、色彩更浓郁。

富士 X-T3 相机提供了 PROVIA/ 标准、Velvia/ 鲜艳、ASTIA/ 柔和、CLASSIC CHROME、PRO Neg. Hi、PRO Neg. Std、ETERNA/ 影院、ACROS、黑白、棕褐色等 10 个不同效果的选项。

● PROVIA/ 标准：此风格是最常用的，使用该风格拍摄的照片画面清晰、色彩鲜艳，但不会过于饱和。

● Velvia/ 鲜艳：此风格将增强画面饱和度、对比度以获得鲜艳的图像效果。可在强调照片色彩时选用。

● ASTIA/ 柔和：此风格将增强照片中人像肤色的色相范围，同时保留天空的蓝色。适用于拍摄户外人像。

● CLASSIC CHROME：此风格拍摄的画面色彩柔和，但会强化画面的明暗反差。

● PRO Neg. Hi：此风格的对比度比 PRO Neg. Std 风格稍加强。适用于拍摄户外人像。

● PRO Neg. Std：使用此风格拍摄的画面色调柔和，增强了人像肤色。适用于拍摄室内人像。

● ETERNA/ 影院：使用此风格可以以色彩柔和且阴影较深的色调拍摄视频。

● ACROS：使用此风格可拍摄出高渐变和高锐度效果的黑白照片。

● 黑白：使用该风格可拍摄出标准黑白照片。

● 棕褐色：使用该风格可拍摄出棕褐色单色调，也就是具有复古色彩的暖色调照片。

设定方法

在拍摄状态下，可以按下 Fn4 按钮（即◀方向键）显示胶片模拟列表，然后按▲或▼方向键选择所需胶片模拟选项。

提示

X-T30 相机通过快速菜单或胶片模拟菜单进行设置。

提示

X-T4 相机除了左侧所示的 10 种胶片模拟模式外，还增加了"经典 Neg""ETERNA BLEACH BYPASS"两种模式。

↓ 设定步骤

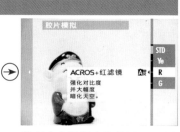

❶ 在**图像质量设置**菜单中选择**胶片模拟**选项，然后按▶方向键

❷ 按▲或▼方向键选择所需的选项，然后按 MENU/OK 按钮确认

❸ 当在步骤❷中选择了 ACROS 和黑白选项时，按▲或▼方向键可以选择一个滤镜选项，然后按 MENU/OK 按钮确认

进一步优化画面氛围效果的菜单功能

当设置了胶片模拟选项后，还可以配合调整相关的菜单设置，使拍摄出来的画面效果更符合摄影师的想法。

色彩

"色彩"菜单控制照片的色彩鲜艳程度，可以在 ±4 间调整色彩鲜艳的等级。

选择负向数值降低饱和度，数值越低则照片色彩越来越淡；选择正向数值提高饱和度，数值越高则照片色彩越来越艳。

↓ 设定步骤

❶ 在**图像质量设置菜单**中选择**色彩**选项，然后按▶方向键

❷ 按▲或▼方向键选择所需的数值，然后按 MENU/OK 按钮确认

▲ 选择"0"选项时的画面效果

▲ 选择"+2"选项时的画面效果

锐度

"锐度"菜单用于锐化或柔化照片，可以在 ±4 间调整锐化的等级，选择的数值越高，图像就越清晰；反之，则图像越柔和。

↓ 设定步骤

❶ 在**图像质量设置菜单**中选择**锐度**选项，然后按▶方向键

❷ 按▲或▼方向键选择所需的数值，然后按 MENU/OK 按钮确认

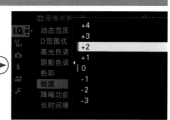

▲ 选择"-2"选项时的画面效果

▲ 选择"+2"选项时的画面效果

黑白调节 A B（暖/冷）

当在"胶片模拟"菜单中选择了"ACROS"或"黑白"选项时，可以在此菜单中设置是否为画面添加偏红或偏蓝色调，使画面具有暖色氛围或冷色氛围。

↓ 设定步骤

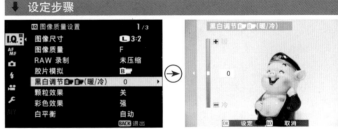

❶ 在**图像质量设置菜单**中选择**黑白调节 A B（暖/冷）**选项，然后按▶方向键

❷ 按▲或▼方向键选择所需的数值，然后按 MENU/OK 按钮确认

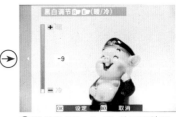

❸ 数值设置为"+9"的画面效果

❹ 数值设置为"–9"的画面效果

颗粒效果

富士 X-T4/T3 相机提供了独特的颗粒效果，启用此功能后，可以为画面添加颗粒效果，使画面带有一种文艺复古感。虽然它可以应用到所有胶片模拟模式，但是在黑白照片中效果最佳。

如果不喜欢这种效果，将其设置为"关"即可

↓ 设定步骤

❶ 在**图像质量设置菜单**中选择**颗粒效果**选项，然后按▶方向键

❷ 按▲或▼方向键选择所需的数值，然后按 MENU/OK 按钮确认

彩色效果

在拍摄色彩鲜艳但带有阴影的画面时，往往很难拍出肉眼所见的那种高饱和的色彩效果，而启用"彩色效果"功能，则可以使画面呈现出更深的颜色和丰富的渐变，使照片色彩接近真实。

↓ 设定步骤

❶ 在**图像质量设置菜单**中选择**彩色效果**选项，然后按▶方向键

❷ 按▲或▼方向键选择所需的数值，然后按 MENU/OK 按钮确认

第 6 章 拍摄 Vlog 视频需要
准备的硬件及需要
理解的参数

焦距：24mm | 光圈：F16 | 快门速度：20s | 感光度：ISO200

视频拍摄稳定设备

手持式稳定器

在手持相机的情况下拍摄视频，往往会产生明显的抖动。这时就需要使用可以让画面更稳定的器材，比如手持稳定器。

这种稳定器无需练习，只要选择相应的模式，就可以拍出比较稳定的画面，而且体积小、重量轻，非常适合视频爱好者使用。

在拍摄过程中，稳定器会不断自动进行调整，从而抵消掉手抖或者在移动时所造成的相机震动。

由于此类稳定器是电动的，所以在搭配上手机 APP 后，可以实现一键拍摄全景、延时、慢门轨迹等特殊功能。

小斯坦尼康

斯坦尼康（Steadicam），即摄像机稳定器，由美国人 Garrett Brown（加勒特·布朗）发明，自 20 世纪 70 年代开始逐渐为业内普遍使用。

这种稳定器属于专业摄像的稳定设备，主要用于手持移动录制。虽然同样可以手持，但它的体积和重量都比较大，适用于专业摄像机使用，并且是以穿戴式手持设备的形式设计出来的，所以对于普通摄影爱好者来说，斯坦尼康显然并不适用。

因此，为了在体积、重量和稳定效果中找到一个平衡点，小斯坦尼康问世了。

这款稳定设备是在大斯坦尼康的基础上，对体积和重量进行了压缩，从而无需穿戴，只要手持即可使用。

由于依然具有不错的稳定效果，所以即便是专业的视频制作工作室，在拍摄一些不是很重要的素材时依旧会使用。

▲ 小斯坦尼康

但需要强调的是，无论是斯坦尼康，还是小斯坦尼康，都是采用的纯物理减震，所以需要一定的练习才能实现良好的减震效果。因此只建议追求专业级摄像的摄友使用。

单反肩托架

单反肩托架，又是一个相比小巧便携的稳定器而言更专业的稳定设备。

肩托架并没有稳定器那么多智能化功能，但它结构简单，没有任何电子元件，在各种环境下均可以使用，并且只要掌握一定的方法，在稳定性上也更胜一筹。毕竟通过肩部受力，大大降低了手抖和走动过程中造成的画面抖动。

不仅仅是单反肩托架，在利用稳定器拍摄时，如果掌握一些拍摄技巧，同样可以增加画面稳定性。

摄像专用三脚架

与便携的摄影三脚架相比，摄像三脚架为了更好的稳定性而牺牲了便携性。

一般来讲，摄影三脚架在三个方向上各有 1 根脚管，也就是三脚管。而摄像三脚架在三个方向上最少各有 3 根脚管，也就是共有 9 根脚管，再加上底部的脚管连接设计，其稳定性要高于摄影三脚架。另外，脚管数量越多的摄像专用三脚架，其最大高度也更高。

云台方面，为了在摄像时能够在单一方向上精确、稳定地转换视角，所以摄像三脚架一般使用带摇杆的三维云台。

滑轨

相比稳定器，利用滑轨移动相机录制视频可以获得更稳定、更流畅的镜头表现。利用滑轨进行移镜、推镜等运镜时，可以呈现出电影级的效果，所以是更专业的视频录制设备。

另外，如果希望在录制延时视频时呈现一定的运镜效果，一个电动滑轨就十分有必要。因为电动滑轨可以实现微小的、匀速的持续移动，从而在短距离的移动过程中，拍摄下多张延时素材，这样通过后期合成，就可以得到连贯的、顺畅的、带有运镜效果的延时摄影画面。

移动时保持稳定的技巧

即便在使用稳定器时，在移动过程中拍摄也不可太过随意，否则画面同样会出现明显的抖动。因此，掌握一些移动拍摄时的小技巧就很有必要。

始终维持稳定的拍摄姿势

为保持稳定，在移动拍摄时依旧需要保持正确的拍摄姿势。也就是双手拿稳相机（或拿稳稳定器），从而形成三角形支撑，增加稳定性。

憋住一口气

此方法适合在短时间的移动机位录制时使用。因为普通人在移动状态下憋一口气也就维持十几秒的时间。如果在这段时间内可以完成一个镜头的拍摄，那么此法可行；如果时间不够，切记不要采用此种方法。因为在长时间憋气后，势必会急喘几下，这几下急喘往往会让画面出现明显抖动。

保持呼吸均匀

如果憋一口气的时间无法完成拍摄，那么就需要在移动录制过程中保持呼吸均匀。稳定的呼吸可以保证身体不会有明显的起伏，从而提高拍摄稳定性。

▲ 憋住一口气可以在短时间内拍摄出稳定的画面

屈膝移动减少反作用力

在移动过程中之所以很容易造成画面抖动，其中一个很重要的原因就在于迈步时地面给的反作用力会让身体震动一下。但当屈膝移动时，弯曲的膝盖会形成一个缓冲：就好像自行车的减震一样，从而避免产生明显的抖动。

提前确定地面情况

在移动录制时，眼睛肯定是一直盯着相机屏幕，也就无暇顾及地面情况。为了在拍摄过程中的安全和稳定性（被绊倒就绝对拍废了一个镜头），一定事先观察好路面情况，从而在录制时可以有所调整，不至于摇摇晃晃。

转动身体而不是转动手臂

在调整拍摄方向时，如果直接通过手臂进行调整，则很容易在转向过程中产生抖动。此时正确的做法应该是保持手臂不动,转动身体调整取景角度，可以让转向过程中更平稳。

视频拍摄存储设备

如果您的相机本身支持 4k 视频录制，但却无法正常拍摄，造成这种情况的原因往往是存储卡没有达到要求。另外，该节还将向您介绍一种新兴的文件存储方式，可以让海量视频文件更容易存储、管理和分享。

SD 存储卡

现如今的中高端富士微单相机，大部分均支持录制 4K 视频。而由于 4K 视频在录制过程中，每秒都需要存入大量信息，所以要求存储卡具有较高的写入速度。

通常来讲，U3 速度等级的 SD 存储卡（存储卡上有 U3 标示），其写入速度基本在 75MB/s 以上，可以满足码率低于 200Mbps 的 4K 视频的录制。

如果要录制码率达到 400Mbps 的视频，则需要购买写入速度达到 100MB/s 以上的 UHS-II 存储卡。UHS（Ultra High Speed）是指超高速接口。而不同的速度级别以 UHS-I、UHS-II、UHS-III标识。其中速度最快的 UHS-III，其读写速度最低也能达到 150MB/s。

速度级别越高的存储卡也就越贵。以 UHS-II 存储卡为例，容量为 64GB，其价格最低也要 400 元左右。

NAS 网络存储服务器

由于 4K 视频的文件较大，对于经常进行视频录制的各位，往往需要购买多块硬盘进行存储。当寻找个别视频时，费时费力，在文件管理和访问上都不方便。而 NAS 网络存储服务器则让大尺寸的 4K 文件也可以 24 小时随时访问，并且同时支持手机端和电脑端。在建立多个账户并设定权限的情况下，还可以让多人同时使用，并且保证个人隐私，为文件的共享和访问带来便利。

一听"服务器"，各位可能会觉得离自己非常遥远，其实目前市场上已经有成熟的产品。比如西部数据或者群晖都有多种型号的 NAS 网络存储服务器可供选择，并且保证可以轻松上手。

视频拍摄采音设备

在室外或者不够安静的室内录制视频时，单纯通过相机自带的麦克风和声音设置往往无法得到满意的采音效果，这时就需要使用外接麦克风来提高视频中的音质。

便携的"小蜜蜂"

小蜜蜂也被称为"无线领夹麦克风"。其优势在于小巧便携，并且可以在不面对镜头，或者在运动过程中进行收音。但缺点是需要对多人采音时，则需要准备多个发射端，相对来说会比较麻烦。

另外，在录制采访视频时，也可以将"小蜜蜂"发射端拿在手里，当作"话筒"使用。

枪式指向性麦克风

枪式指向性麦克风通常是安装在富士相机的热靴上进行固定。因此录制一些面对镜头说话的视频，比如讲解类、采访类视频时，就可以着重采集话筒前方的语音，避免周围环境带来的噪声。

而且在使用枪式麦克风时，也不用在身上佩戴麦克风了，可以让被摄者的仪表更自然美观。

户外录制记得带防风罩

为避免户外录制视频时出现风噪声，建议各位将麦克风戴上防风罩。防风罩主要分为毛套防风罩和海绵防风罩，其中海绵防风罩也被称为防喷罩。

一般来说，户外拍摄建议使用毛套防风罩，其效果相比海绵防风罩更好。

而在室内录制时，使用海绵防风罩即可，不但能起到去除杂音的作用，还可以防止唾液喷入麦克风，这也是海绵防风罩也被称为防喷罩的原因。

视频拍摄灯光设备

在室内录制视频时，如果利用自然光来照明，那么录制时间稍长，光线就会发生变化。比如下午 2 点到 5 点这 3 个小时内，光线的强度和色温都在不断降低，导致画面出现由亮到暗，由色彩正常到色彩偏暖的变化，从而很难拍出画面影调、色彩一致的视频。而如果采用室内一般灯光进行拍摄，灯光亮度又不够，打光效果也无法控制。所以，想录制出效果更好的视频，一些比较专业的室内灯光是必不可少的。

简单实用的平板 LED 灯

一般来讲，在视频拍摄时往往需要比较柔和的灯光，让画面中不会出现明显的阴影，并且呈现柔和的明暗过渡。而平板 LED 灯在不增加任何其他配件的情况下，本身就能通过大面积的灯珠打出比较柔的光源。

当然，平板 LED 灯也可以增加色片、柔光板等配件，让光质和光源色产生变化。

▲ 平板 LED 灯

更多可能的 COB 影视灯

这种灯形状与影室闪光灯非常像，并且同样带有灯罩卡口，从而让影室闪光灯可用的配件，在 COB 影视灯上均可使用，让灯光更可控。

常用的配件有雷达罩、柔光箱、标准罩、束光筒等，可以打出或柔或硬朗的光线。

因此，丰富的配件和光效是更多的人选择 COB 影视灯的原因。有时候也会主灯用 COB 影视灯，辅助灯用平板 LED 灯进行组合打光。

▲ COB 影视灯搭配柔光箱

短视频博主最爱的 LED 环形灯

如果不懂布光，或者不希望在布光上花费太多时间，只需要在面前放一盏 LED 环形灯，就可以均匀地打亮面部并形成眼神光了。

当然，LED 环形灯也可以配合其他灯光使用，让面部光影更均匀。

▲ LED 环形灯

利用外接电源进行长时间录制

在进行持续的长时间视频录制时，一块儿电池的电量很有可能不够用。而如果更换电池，则势必会导致拍摄中断。为了解决这个问题，可以使用外接电源进行连续录制。

由于外接电源可以使用充电宝进行供电，因此只需购买一块儿大容量的充电宝，就可以大大延长视频录制时间。

另外，如果在室内固定机位进行录制，还可以选择直接连接插座的外接电源进行供电，从而完全避免在长时间拍摄过程中出现电量不足的问题。

▲ 可以直连插座的外接电源

▲ 可以连接移动电源的外接电源

▲ 通过外接电源让充电宝给相机供电

通过提词器让语言更流畅

提词器是通过一个高亮度的显示器显示文稿内容，并将显示器显示内容反射到相机镜头前，一块呈45°角的专用镀膜玻璃上，把台词反射出来的设备。它可以让演讲者在看演讲词时，依旧保持很自然地对着镜头说话的感觉。

由于提词器需要经过镜面反射，所以除了硬件设备，还需要使用软件来将正常的文字进行方向上的变换，从而在提词器上显示出正常的文稿。

通过提词器软件，字体的大小、颜色、文字滚动速度均可以按照演讲人的需求改变。值得一提的是，如果是一个团队进行视频录制，可以派专人控制提词器，从而确保提词速度可以根据演讲人语速的变化而变化。

▲ 专业提词器

如果更看中便携性，也可以使用以手机当作显示器的简易提词器。并且同时支持单反、微单以及手机进行拍摄。

使用这种提词器配合相机拍摄时，要注意支架的稳定性，必要时需要在支架前方进行配重。以免因为相机太重，而支架又比较单薄，而导致设备损坏。

▲ 简易提词器

直播所需硬件及软件

随着 5G 时代的到来，除了短视频会迎来进一步的爆发，对于直播行业也具有促进作用。据不完全统计，仅在国内的直播平台就达到 200 个以上，而主播更是不计其数。目前绝大多数的主播依旧在使用手机或者摄像头进行直播，虽然画质尚可接受，但肯定不能与单反或者微单这种专业设备相比。

使用单反、微单进行直播的优势

更高的画质

即便是富士入门级别的微单相机，由于 CMOS 的尺寸远大于手机，所以在同一环境下直播时，就可以获得更多的光线，得到更好的画质。

另外，无论是富士单反还是微单的镜头，由于可以设计较大的尺寸，所以其光学结构会更合理，成像质量就会比手机更好。

更出色的虚化效果

虽然目前很多手机都具有虚化功能，但手机的虚化效果毕竟是靠算法模拟出来的。而富士单反、微单的虚化效果则是光学规律的结果，所以其虚化效果更唯美、细腻。另外，通过手动控制镜头的光圈和焦距，还可以对虚化程度进行控制。

更多的镜头选择

即便是镜头数量比较多的手机，也就只具备长焦、广角和超广角各一只定焦镜头。而单反和微单则可以选择多种焦段镜头，也可以通过变焦镜头精确控制所用焦距，对于直播取景而言，选择的空间更大。

再加上即便目前手机的长焦和超广角镜头再强大，其实与单反相似焦段的镜头相比，差距还是比较大的。因此庞大的镜头群，也是用单反、微单直播的一个优势。

使用单反、微单进行直播的特殊配件：采集卡

其实做直播的配件和做视频的配件非常相似，像是灯光和采音设备都是通用的。因此这里只介绍使用相机进行直播所需要的一个特殊配件：采集卡。

因为只有通过采集卡，才能将相机捕捉到的画面采集到电脑上，再由电脑上的直播软件，将画面推流到直播平台。采集卡的种类有很多，但关键是看其能够采集的实况 / 录影画质有多高。一般能够采集 1080p、60fps 的视频画面就足够了，但如果做 4K 直播，则需要购买 4K 采集卡。

▲ 采集卡

使用单反、微单进行直播的设备连接方法

首先将直播需要的单反或者微单、采集卡、直播用的电脑都准备好；然后将单反或者微单通过 HDMI 线与采集卡的输入端口连接；再将采集卡的输出端口与电脑连接。此时设备的串联就完成了。打开富士单反或者微单，将其切换至录像模式；再将电脑上的直播软件打开，捕捉采集到电脑上的单反或者微单画面，就可以看到直播画面了。

▲ 相机连接至采集卡，采集卡连接至电脑

直播软件及设置方法

直播软件的选择

目前个别主流直播平台，比如虎牙直播、斗鱼直播都有自己的直播软件。像是企鹅直播则提供了 3 种直播软件，包括伴侣 pc、obs 和 Xsplit 可以自行选择。

对于有专属直播软件的虎牙平台而言，那么直接选择该软件进行直播就可以了，无论是优化还是各种功能肯定与平台的契合度会更高。

而斗鱼平台虽然也有自己的直播软件——斗鱼直播助手，但功能上相对较差，所以口碑不是很好。最近斗鱼直播助手也是内置了 obs 直播软件，所以很多斗鱼平台的主播都是选择直接通过第三方 obs 软件进行直播。

再加上企鹅直播也推荐使用 obs 软件，所以不用笔者说，各位也看出来了，obs 是目前相对主流的直播软件，也是建议各位使用的。

直播软件设置方法

❶ 首先打开 obs，点击右下角"场景"模块的"+"，新建一个场景。

❷ 点击界面下方"来源"模块的"+"，选择画面来源。

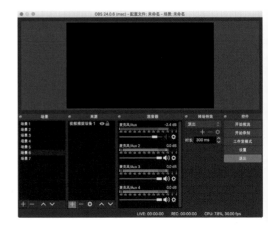

❸ 在弹出的菜单中选择"视频捕捉设备"。

❹ 在弹出的窗口中点击"确定"。

❺ 在弹出窗口的"设备"选项中选择连接好的
采集器，即可显示出画面。

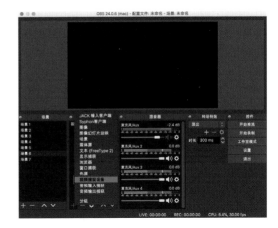

❻ 接下来点击界面右下角"设置"选项。

❼ 点击左侧"推流"选项，并将"服务"设置为"自定义"，然后将个人直播间的推流码复制到"服务器"
一栏。

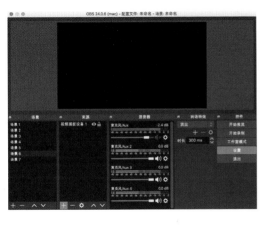

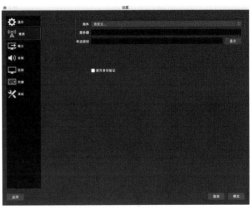

❽ 点击左侧"输出"选项，视频比特率设置为 2500kbps，编码器为 x264，音频比特率为 160。

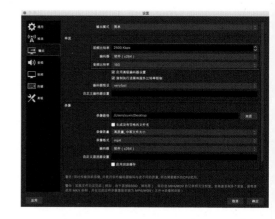

❾ 再点击左侧"视频"选项，基础分辨率和输出分辨率按照个人需求进行设置，笔者此处最高能够设置到 1920×1080，缩小方法及压缩方法，因样本数量越高，对画质影响越小，建议选择 Lanczos，帧率选择 30fps 即可。

❿ 设置完成后，点击"开始推流"，即可开启自己的直播了。另外，如果想将直播录制下来作为保存，再点击下"开始录制"即可。

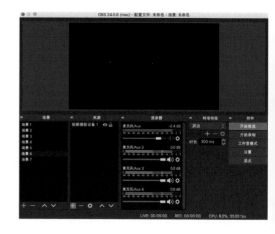

理解视频拍摄中的各参数含义

理解视频分辨率并进行合理设置

视频分辨率指每一个画面中所能显示的像素数量，通常以水平像素数量与垂直像素数量的乘积或垂直像素数量表示。视频分辨率数值越大，画面就越精细，画质就越好。

富士的每一代旗舰机型在视频功能上均有所增强，以富士 X-T3 为例，其支持同时进行 4K/60P/4:2:2/10bit HDMI 输出和 4K/60P/4:2:0 / 10 位内部 SD 卡录制。在 4K 视频录制模式下，用户可以最高录制帧频为 60P、文件无压缩的超高清视频。相比于中低端机型，则可以录制画质更细腻的视频画面。

需要额外注意的是，若要享受高分辨率带来的精细画质，除了需要设置富士相机录制高分辨率的视频以外，还需要观看视频的设备具有该分辨率画面的播放能力。

比如使用富士 X-T3 录制了一段 4K（分辨率为 3840×2160）视频，但观看这段视频的电视、平板或者手机只支持全高清（分辨率为 1920×1080）播放，那么观看视频的画质就只能达到全高清，而到不了 4K 的水平。

因此，建议各位在拍摄视频之前先确定输出端的分辨率上限，然后再确定相机视频的分辨率设置。从而避免因为过大的文件对存储和后期等操作造成没必要的负担。

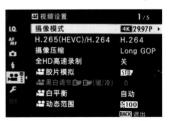

❶ 在**视频设置**菜单中选择**摄像模式**选项

❷ 选择**画面大小和纵横比**选项，按▲或▼方向键选择所需的选项

录制城市灯光表演的视频时可以设置高分辨率『焦距：70mm｜光圈：F10｜快门速度：6s｜感光度：ISO200』

理解帧频并进行合理设置

　　无论选择哪种视频模式，均有多种帧频可供选择。帧频也被称为 fps，是指一个视频里每秒展示出来的画面数，在富士相机中以单位 P 表示。例如，一般电影是以每秒 24 张画面的速度播放，也就是一秒钟内在屏幕上连续显示出 24 张静止画面，其帧频为 24p。由于视觉暂留效应，使观众看上去电影中的人像是动态的。

　　很显然，每秒显示的画面数多，视觉动态效果流畅，反之，如果画面数少，观看时就有卡顿感觉。因此，在录制景物高速运动的视频时，建议设置为较高的帧频，从而尽量让每一个动作都更清晰、流畅；而在录制访谈、会议等视频时，则使用较低帧频录制即可。

　　当然，如果录制条件允许，建议以高帧数录制，这样可以在后期处理时拥有更多处理可能性，比如得到慢镜头效果。像富士 X-T4 可以在全高清分辨率的情况下，支持最高 240fps 视频拍摄，可以同时实现高画质与高帧频。

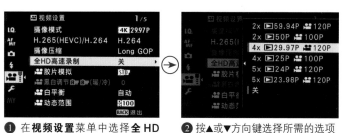

❶ 在**视频设置**菜单中选择**全 HD 高速录制**选项　　❷ 按▲或▼方向键选择所需的选项

理解码率的含义

　　码率也被称为比特率，指每秒传送的比特 (bit) 数。单位为 bps(Bit Per Second)。码率越高，每秒传送数据就越多，画质就越清晰，但相应的，对存储卡的写入速度要求也更高。

　　在富士 X-T4/T3 相机中可以在"摄像模式"菜单中设置码率，提供有 400Mbps、200Mbps、100Mbps 和 50Mbps 4 个选项。

　　值得一提的是，如果要录制码率为 400Mbps 的视频，需要使用 UHS-II 存储卡，也就是写入速度最少应该达到 100MB/s，否则无法正常拍摄。而且由于码率过高，视频尺寸也会变大。以富士 X-T3 为例，录制一段码率为 400Mbps，时长为 8 分钟的视频则需要占用 32GB 存储空间。

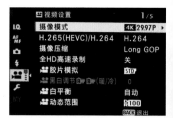

❶ 在**视频设置**菜单中选择**摄像模式**选项

❷ 按◀或▶方向键选择**比特率**选项，然后按▲或▼方向键选择所需的选项

第7章 拍摄Vlog视频或微电影
需要了解的镜头语言

认识镜头语言

什么是镜头语言?

镜头语言既然带了语言二字,那就说明这是一种和说话类似的表达方式。而"镜头"二字,则代表是用镜头来进行表达。所以镜头语言可以理解为用镜头表达的方式,即通过多个镜头中的画面,包括组合镜头的方式,来向观众传达拍摄者希望表现的内容。

所以,在一个视频中,除了声音之外,所有为了表达而采用的运镜方式、剪辑方式和一切画面内容,均属于镜头语言。

镜头语言之运镜方式

运镜方式指录制视频过程中,摄像器材的移动或者焦距调整方式,主要分为推镜头、拉镜头、摇镜头、移镜头、甩镜头、跟镜头、升镜头与降镜头共 8 种,也被简称为"推拉摇移甩跟升降"。由于环绕镜头可以产生更具视觉冲击力的画面效果,所以在本节中将介绍 9 种运镜方式。

需要提前强调的是,在介绍各种镜头运动方式的特点时,为了便于各位理解,会说明此种镜头运动在一般情况下,适合表现哪类场景,但这绝不意味着它只能表现这类场景,在其他特定场景下应用,也许会更具表现力。

推镜头

推镜头是指镜头从全景或别的景位由远及近向被摄对象推进拍摄,逐渐推成近景或特写镜头。其作用在于强调主体、描写细节、制造悬念等。

▲ 推镜头示例

拉镜头

拉镜头是指将镜头从近景或别的景位由近及远调整，景别逐渐变大，表现更多环境的运镜方式。其作用主要在于表现环境，强调全局，从而交代画面中局部与整体之间的联系。

▲ 拉镜头示例

摇镜头

摇镜头是指机位固定，通过旋转相机而摇摄全景或者跟着拍摄对象的移动进行摇摄（跟摇）。

摇镜头的作用主要为 4 点，分别是介绍环境、从一个被摄主体转向另一个被摄主体、表现人物运动以及代表剧中人物的主观视线。

值得一提的是，当利用"摇镜头"来介绍环境时，通常表现的是宏大的场景。而左右摇适合拍摄壮阔的自然美景；上下摇则适用于展示建筑的雄伟或峭壁的险峻。

▲ 摇镜头示例

移镜头

拍摄时，机位在一个水平面上移动（在纵深方向移动则为推 / 拉镜头）的镜头运动方式被称为移镜头。

移镜头的作用其实与摇镜头十分相似，但在"介绍环境"与"表现人物运动"这两点上，其视觉效果更为强烈。在一些制作精良的大型影片中，可以经常看到这类镜头所表现的画面。

另外，由于采用移镜头方式拍摄时，机位是移动的，所以画面具有一定的流动感，这会让观者感觉仿佛置身画面之中，更有艺术感染力。

▲ 移镜头示例

跟镜头

跟镜头又称"跟拍"，是跟随运动被摄对象进行拍摄的镜头运动方式。跟镜头可连续而详尽地表现角色在行动中的动作和表情，既能突出运动中的主体，又能交代动体的运动方向、速度、体态及与环境的关系，有利于展示人物在动态中的精神面貌。

跟镜头在走动过程中的采访，以及体育视频中经常使用。拍摄位置通常在人物的前方，形成"边走边说"的视觉效果。而体育视频则通常为侧面拍摄，从而表现运动员奔跑的姿态。

▲ 跟镜头示例

环绕镜头

将移镜头与摇镜头组合起来，就可以实现一种比较酷炫的运镜方式——环绕镜头。通过环绕镜头可以360°展现某一主体，经常用于在华丽场景下突出新登场的人物，或者展示景物的精致细节。

最简单的实现方法，就是将相机安装在稳定器上，然后手持稳定器，在尽量保持相机稳定的情况下绕人物跑一圈儿就可以了。

▲ 环绕镜头示例

甩镜头

甩镜头是指一个画面拍摄结束后，迅速旋转镜头到另一个方向的镜头运动方式。由于甩镜头时，画面的运动速度非常快，所以该部分画面内容是模糊不清的，但这正好符合人眼的视觉习惯（与快速转头时的视觉感受一致），所以会给观者较强的临场感。

值得一提的是，甩镜头既可以在同一场景中的两个不同主体间快速转换，模拟人眼的视觉效果；还可以在甩镜头后直接接入另一个场景的画面（通过后期剪辑进行拼接），从而表现同一时间下，不同空间并列发生的情景，此法在影视剧制作中会经常出现。

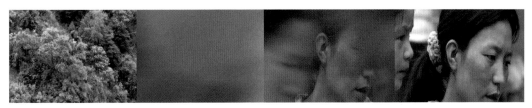

▲ 甩镜过程中的画面是模糊不清的，以此迅速在两个不同场景间进行切换

升降镜头

上升镜头是指相机的机位慢慢升起，从而表现被摄体的高大。在影视剧中，也被用来表现悬念。而下降镜头则与之相反。升降镜头的特点在于能够改变镜头和画面的空间，有助于加强戏剧效果。

需要注意的是，不要将升降镜头与摇镜混为一谈。比如机位不动，仅将镜头仰起，此为摇镜，展现的是拍摄角度的变化，而不是高度的变化。

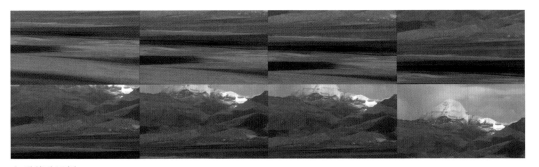

▲ 升镜头示例

3个常用的镜头术语

之所对主要的镜头运动方式进行总结，一方面是因为比较常用，又各有特点。而另一方面，则是为了便于交流、沟通所需的画面效果。

因此，除了上述这9种镜头运动方式外，还有一些偶尔也会用到的镜头运动或者是相关"术语"，比如"空镜头""主观性镜头"等。

空镜头

"空镜头"指画面中没有人的镜头。也就是单纯拍摄场景或场景中局部细节的画面，通常用来表现景物与人物的联系或借物抒情。

▲ 一组空镜头表现事件发生的环境

主观性镜头

"主观性镜头"其实就是把镜头当作人物的眼睛，可以形成较强的代入感，并非常适合表现人物内心感受。

▲ 主观性镜头可以模拟出人眼看到的画面效果

客观性镜头

"客观性镜头"指完全以一种旁观者的角度进行拍摄。其实这种说法就是为了与"主观性镜头"相区分。因为在视频录制中，除了主观镜头就肯定是客观镜头，而客观镜头又往往占据视频中的绝大部分，所以几乎没有人会去说"拍个客观镜头"这样的话。

▲ 客观性镜头示例

镜头语言之转场

镜头转场方法可以归纳为两大类，分别为技巧性转场和非技巧性转场。技巧性转场指的是在拍摄或者剪辑时要采用一些技术或者特效才能实现。而非技巧性转场则是直接将两个镜头拼接在一起，通过镜头之间的内在联系，让画面切换显得自然、流畅。

技巧性转场

淡入淡出

淡入淡出转场即上一个镜头的画面由明转暗，直至黑场；下一个镜头的画面由暗转明，逐渐显示至正常亮度。淡出与淡入过程的时长一般各为 2 秒，但在实际编辑时，可以根据视频的情绪、节奏灵活掌握。部分影片中在淡出淡入转场之间还有一段黑场，可以表现出剧情告一段落，或者让观看者陷入思考的作用。

▲ 淡入淡出转场形成的由明到暗再由暗到明的转场过程

叠化转场

叠化指将前后两个镜头在短时间内重叠，并且前一个镜头逐渐模糊到消失，后一个镜头逐渐清晰，直到完全显现。叠化转场主要用来表现时间的消逝、空间的转换，或者在表现梦境、回忆的镜头中使用。

值得一提的是，由于在叠化转场时，前后两个镜头会有几秒比较模糊的重叠，如果镜头质量不佳的话，可以用这段时间掩盖镜头缺陷。

▲ 叠化转场会出现前后场景物模糊重叠的画面

划像转场

划像转场也被称为扫换转场，可分为划出与划入。前一画面从某一方向退出屏幕称为划出；下一个画面从某一方向进入荧屏称为划入。根据画面进、出荧屏的方向不同，可分为横划、竖划、对角线划等，通常在两个内容意义差别较大的镜头转场时使用。

▲ 画面横向滑动，前一个镜头逐渐划出，后一个镜头逐渐划入

非技巧性转场

利用相似性进行转场

当前后两个镜头具有相同或相似的主体形象，或者在运动方向、速度、色彩等方面具有一致性时，即可实现视觉连续、转场顺畅的目的。

比如上一个镜头是果农在果园里采摘苹果，下一个镜头是顾客在菜市场挑选苹果的特写，利用上下镜头都有"苹果"这一相似性内容，将两个不同场景下的镜头联系起来了，从而实现自然、顺畅的转场效果。

▲ 利用"夕阳的光线"这一相似性进行转场的 3 个镜头

利用思维惯性进行转场

利用人们的思维惯性进行转场，往往可以造成联系上的错觉，使转场流畅而有趣。

例如上一个镜头，孩子在家里和父母说"我去上学了"，然后下一个镜头切换到学校大门的场景，整个场景转换过程就会比较自然。究其原因在于观者听到"去上学"3 个字后，脑海中自然会呈现出学校的情景，所以此时进行场景转换就会比较顺畅。

▲ 通过语言或其他方式让观者脑海中呈现某一景象，从而进行自然、流畅的转场

两级镜头转场

利用前后镜头在景别、动静变化等方面的巨大反差和对比，来形成明显的段落感，这种方法被称为两级镜头转场。

由于此种转场方式的段落感比较强，可以突出视频中的不同部分。比如前一段落大景别结束，下一段落小景别开场，就有种类似写作"总分"的效果。也就是大景别部分让各位对环境有一个大致的了解，然后在小景别部分，则开始细说其中的故事。让观者在观看视频时，有更清晰的思路。

▲ 先通过远景表现日落西山的景观，然后自然地转接两个特写镜头，分别表现"日落"和"山"

声音转场

用音乐、音响、解说词、对白等和画面相配合的转场方式被称为声音转场。声音转场方式主要有以下三种。

1. 利用声音的延续性自然转换到下一段落。其中，主要方式是同一旋律、声音的提前进入，前后段落声音相似部分的叠化。利用声音的吸引作用，弱化了画面转换、段落变化时的视觉跳动。

2. 利用声音的呼应关系实现场景转换。上下镜头通过两个接连紧密的声音进行衔接，并同时进行场景的更换，让观者有一种穿越时空的视觉感受。比如上一个镜头，男孩儿在公园里问女孩儿"你愿意嫁给我吗？"，下一个镜头，女孩儿回答"我愿意"，但此时场景已经转到了结婚典礼现场。

空镜转场

只拍摄场景的镜头称为空镜头。这种转场方式通常在需要表现时间或者空间巨大变化时使用，从而起到一个过渡、缓冲的作用。

除此之外，空镜头也可以实现"借物抒情"的效果。比如上一个镜头是女主角向男主角在电话中提出分手，然后接一个空镜头，是雨滴落在地面的景象，然后再接男主角在雨中接电话的景象。其中"分手"这种消极情绪与雨滴落在地面的镜头中是有情感上的内在联系的；而男主角站在雨中接电话，由于空镜头中的"雨"有空间上的联系，从而实现了自然，并且富有情感的转场效果。

▲ 利用空镜头来衔接时间和空间发生大幅跳跃的镜头

主观镜头转场

主观镜头转场是指上一个镜头拍摄主体在观看的画面，下一个镜头接转主体观看的对象，这就是主观镜头转场。主观镜头转场是按照前、后两镜头之间的逻辑关系来处理转场的手法，主观镜头转场既显得自然，同时也可以引起观众的探究心理。

▶ 主观镜头通常会与描述所看景物的镜头连接在一起

遮挡镜头转场

当某物逐渐遮挡画面，直至完全遮挡，然后逐渐离开，显露画面的过程就是遮挡镜头转场。这种转场方式可以将过场戏省略掉，从而加快画面节奏。

其中，如果遮挡物距离镜头较近，阻挡了大量的光线，导致画面完全变黑；再有纯黑的画面逐渐转变为正常的场景，这种方法还有另一个名称，叫作挡黑转场。挡黑转场还可以在视觉上给人以较强的冲击，同时制造视觉悬念。

▲ 当马匹完全遮挡住骑马的孩子时，镜头自然地转向了羊群特写

多机位拍摄

多机位拍摄的作用

让一镜到底的视频有所变化

对于一些一镜到底的视频，比如会议、采访视频的录制，往往需要使用多机位拍摄。因为如果只用一台相机进行录制，那么拍摄角度就会非常单一，既不利于在多人说话时强调主体，还会使画面有停滞感，很容易让观者感觉到乏味、枯燥。而在设置多机位拍摄的情况下，在后期剪辑时就可以让不同角度或者景别的画面进行切换，从而突出正在说话的人物，并且在不影响访谈完整性的同时，让画面有所变化。

把握住仅有一次的机会

一些特殊画面由于成本或者是时间上的限制，可能只能拍摄一次，无法重复。比如一些电影中的爆炸场景，或者是运动会中的精彩瞬间。为了能够把握住只有一次的机会，所以在器材允许的情况下，应该尽量多布置机位进行拍摄，避免留下遗憾。

▲ 通过多机位记录不可重复的比赛

多机位拍摄注意不要穿帮

使用多机位拍摄时，由于被拍进画面的范围更大了，所以需要谨慎地选择相机、灯光和采音设备的位置。但对于短视频拍摄来说，器材的数量并不多，所以往往只需要注意相机与相机之间不要彼此拍到即可。

这也解释了为何在采用多机位拍摄时，超广角镜头很少被使用。因为这会导致其他机位的选择受到很大的限制。

方便后期剪辑的打板

由于在专业是视频制作中，画面和声音是分开录制的，所以要通过"打板"，从而在后期剪辑时，让画面中场记板合上的那一帧和产生的"咔哒"声相吻合，以此实现声画同步。

但在多机位拍摄中，除了实现"声画同步"这一作用外，不同机位拍摄的画面，还可以通过"打板"声音吻合而确保视频重合，从而让多机位后期剪辑更方便。当然，如果没有场记板，使用拍手的方法也可以达到相同的目的。

简单了解拍前必做的"分镜头脚本"

通俗地理解，分镜头脚本就是将一个视频所包含的每一个镜头拍什么，怎么拍，先用文字写出来或者是画出来（有的分镜头脚本会利用简笔画表明构图方法），也可以理解为拍视频之前的计划书。

在影视剧拍摄中，分镜头脚本有着严格的绘制要求，是拍摄和后期剪辑的重要依据，并且需要经过专业的训练才能完成。但作为普通摄影爱好者，大多数都以拍摄短视频或者 Vlog 为目的，因此只需了解其作用和基本撰写方法即可。

"分镜头脚本"的作用

指导前期拍摄

即便是拍摄一个长度 10 秒左右的短视频，通常也需要 3~4 个镜头来完成。那么 3 个或 4 个镜头计划怎么拍，就是分镜脚本中也该写清楚的内容。从而避免到了拍摄场地现想，既浪费时间，又可能因为思考时间太短而得不到理想的画面。

值得一提的是，虽然分镜头脚本有指导前期拍摄的作用，但不要被其所束缚。在实地拍摄时，如果突发奇想，有更好的创意，则应该果断采用新方法进行拍摄。如果担心临时确定的拍摄方法不能与其他镜头（拍摄的画面）衔接，则可以按照原本分镜头脚本中的计划，拍摄一个备用镜头，以防万一。

▲ 分镜头脚本

后期剪辑的依据

根据分镜头脚本拍摄的多个镜头需要通过后期剪辑合并成一个完整的视频。因此，镜头的排列顺序和镜头转换的节奏，都需要以镜头脚本作为依据。尤其是在拍摄多组备用镜头后，很容易相互混淆，导致不得不花费更多的时间进行整理。

另外，由于拍摄时现场的情况很可能与预想不同，所以前期拍摄未必完全按照分镜头脚本进行。此时就需要懂得变通，抛开分镜头脚本，寻找最合适的方式进行剪辑。

"分镜头脚本"的撰写方法

懂得了"分镜头脚本"的撰写方法，也就学会了如何指定短视频或者 Vlog 的拍摄计划。

"分镜头脚本"中应该包含的内容

一份完善的分镜头脚本中，应该包含镜头编号、景别、拍摄方法、时长、画面、解说、音乐共 6 部分内容，下面逐一讲解每部分内容的作用。

1. 镜头编号

镜头编号代表各个镜头在视频中出现的顺序。绝大多数情况下，也是前期拍摄的顺序（因客观原因导致个别镜头无法拍摄时，则会先跳过）。

2. 景别

景别分为全景（远景）、中景、近景、特写，用来确定画面的表现方式。

3. 拍摄方法

针对拍摄对象描述镜头运用方式，是"分镜头脚本"中唯一对拍摄方法的描述。

4. 时长

用来预估该镜头拍摄时长。

5. 画面

对拍摄的画面内容进行描述。如果画面中有人物，则需要描绘人物的动作、表情、神态等。

6. 解说

对拍摄过程中需要强调的细节进行描述，包括光线、构图，镜头运用的具体方法。

7. 音乐

确定背景音乐。

提前对以上 7 部分内容进行思考并确定后，整个视频的拍摄方法和后期剪辑的思路、节奏就基本确定了。虽然思考的过程比较费时间，但正所谓磨刀不误砍柴工，做一份详尽的分镜头脚本，可以让前期拍摄和后期剪辑轻松不少。

撰写一个"分镜头脚本"

在了解了"分镜头脚本"所包含的内容后，就可以自己尝试进行撰写了。这里以在海边拍摄一段短视频为例，向各位介绍撰写方法。

由于"分镜头脚本"是按不同镜头进行撰写，所以一般都是以表格的形式呈现。但为了便于介绍撰写思路，会先以成段的文字进行讲解，最后再通过表格呈现最终的"分镜头脚本"。

首先整段视频的背景音乐统一确定为陶喆的《沙滩》。然后再分镜头讲解设计思路。

镜头 1：人物在沙滩上散步，并在旋转过程中让裙子散开，表现出海边的惬意。所以镜头 1 利用远景将沙滩、海水和人物均纳入画面。为了让人物从画面中突出，应穿着颜色鲜艳的服装。

镜头 2：由于镜头 3 中将出现新的场景，所以镜头2设计为一个空镜头，单独表现镜头3中的场地，让镜头之间彼此具有联系，起到承上启下的作用。

镜头3：经过前面两个镜头的铺垫，此时通过在垂直方向上拉镜头的方式，让镜头逐渐远离人物，表现出栈桥的线条感与周围环境的空旷、大气之美。

镜头4：最后一个镜头，则需要将画面拉回视频中的主角——人物。同样通过远景同时兼顾美丽的风景与人物。在构图时要利用好栈桥的线条，形成透视牵引线，增加画面空间感。

经过以上的思考后，就可以将"分镜头脚本"以表格的形式表现出来了，最终的成品请看下表。

▲ 镜头1表现人物与海滩景色

▲ 镜头2逐渐表现出环境的极简美

▲ 镜头3垂直镜头拍摄人物与环境

▲ 镜头4回归人物

镜号	景别	拍摄方法	时间	画面	解说	音乐
1	远景	移动机位拍摄人物与沙滩	3秒	穿着红衣的女子在沙滩上散步	稍微俯视的角度，表现出沙滩与海水。女子可以摆动起裙子	《沙滩》
2	中景	以摇镜的方式表现栈桥	2秒	狭长栈桥的全貌逐渐出现在画面中	摇镜的最后一个画面，需要栈桥透视线的灭点位于画面中央	同上
3	中景＋远景	中景俯拍人物，采用拉镜方式，让镜头逐渐远离人物	10秒	从画面中只有人物与栈桥，再到周围的海水，再到更大空间的环境	通过长镜头，以及拉镜的方式，让画面逐渐出现更多的内容，引起观者的兴趣	同上
4	远景	固定机位拍摄	7秒	女子在优美的海上栈桥翩翩起舞	利用栈桥让画面更具空间感。人物站在靠近镜头的位置，使其占据画面一定的比例	同上

焦距：80mm │ 光圈：F6.3 │ 快门速度：1/500s │ 感光度：ISO200

第 8 章 利用富士 X-T4/T3
拍摄视频的基本流程

拍出影音俱佳的视频

拍摄视频短片的基本流程

使用富士 X-T3 相机拍摄短片的操作比较简单，下面列出短片拍摄的基本流程。

❶ 将驱动模式拨盘旋转至 🎥 图标。

❷ 如果希望手动控制短片的曝光量，可将拍摄模式设置为M挡，如果希望相机自动控制短片的曝光量，则设置为P或者A、S模式（X-T30相机还可以选择自动模式），然后根据拍摄对象的运动状态，选择单次自动对焦模式或连续自动对焦模式。

❸ 在"摄像模式"菜单中设置好视频大小与速率。

❹ 设置好相关参数后，按下快门按钮即可开始录制，屏幕中将显示录制指示和剩余时间。

❺ 再次按下快门按钮则结束录制。

▲ 切换至动画录制驱动模式

▲ 在拍摄前，可以先半按快门进行自动对焦，或者转动镜头对焦环进行手动对焦

▲ 按下快门按钮，将开始录制短片，此时会在屏幕上边显示一个红色的圆圈

短片拍摄状态下的信息显示

在短片拍摄模式下，连续按 DISP/BACK 按钮，可以在不同的信息显示内容之间进行切换。

❶ 快门速度

❷ 拍摄模式

❸ 对焦模式

❹ 录制音量

❺ 脸部/眼睛对焦识别

❻ 曝光指示

❼ 对焦框

❽ 编解码器

❾ 摄像压缩

❿ Bluetooth（蓝牙）开/关

⓫ 摄像模式

⓬ 剩余时间

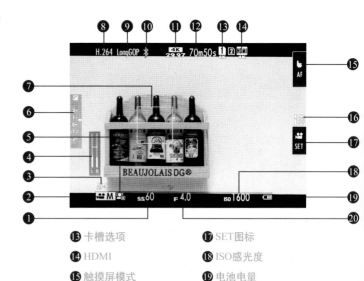

⓭ 卡槽选项

⓮ HDMI

⓯ 触摸屏模式

⓰ 动态范围

⓱ SET图标

⓲ ISO感光度

⓳ 电池电量

⓴ 光圈值

设置视频短片拍摄相关参数

视频设置菜单中还包括了一些与静态照片拍摄相同的菜单，在下面的讲解中，将不再重述。

设置视频尺寸及速率

在"摄像模式"菜单中可以选择视频拍摄的画面大小及纵横比、画面速率和比特率，选择不同的选项拍摄，所获得的视频清晰度不同，占用的空间也不同。

❶ 在**视频设置菜单**中选择**摄像模式**选项，然后按▶方向键

❷ 选择**画面大小和纵横比**选项，按▲或▼方向键选择所需的选项

❸ 按◀或▶方向键选择**画面速率**选项，然后按▲或▼方向键选择所需的选项

❹ 按◀或▶方向键选择**比特率**选项，然后按▲或▼方向键选择所需的选项

画面大小和纵横比

在此选项中可以设置视频的画面大小和纵横比。包括 4K 超高清和 FHD 全高清 2 种画面大小选项，这 2 种画面大小又分别可选 16：9 和 17：9 的纵横比。

画面速率

在此选项中可以选择 59.94P、50P、29.97P、25P、24P、23.98P 等 6 种画面速率。例如选择 59.94P 选项，拍摄时便以 59.94 帧 / 秒的速率记录视频。

比特率

此选项根据动画模式的不同而异，提供有 400Mbps、200Mbps、100Mbps、50Mbps 四个选项。比特率越高，每秒传送数据就越多，画质就越清晰。

摄像压缩

此菜单用于选择视频的压缩类型。选择 "ALL-Intra" 选项，每个画面单独压缩，虽然文件会更大，但每个画面的数据都会单独保存，因此适合需要后期处理的视频。当 "画面大小" 设置为 4K 时，59.94P 和 50P 的画面速率会分别自动切换为 29.97P 和 25P。

选择 "Long GOP" 选项，则相机会使用较好的图像质量与高压缩使视频画面均衡，并且文件会更小，是拍摄较长视频时的最佳选择。

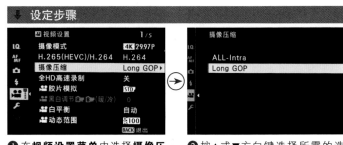

提示
X-T30 相机无此菜单功能。

❶ 在**视频设置菜单**中选择**摄像压缩**选项，然后按▶方向键

❷ 按▲或▼方向键选择所需的选项，然后按 MENU/OK 按钮确认

全 HD 高速录制

在此菜单中可以设置以全高清画质录制高帧频视频。启用 "全 HD 高速录制" 功能后，相机能够以 120 帧 / 秒或 100 帧 / 秒的高帧频拍摄视频，在回放视频时，可以分别以 1/2、1/4 或 1/5 的慢动作回放，从而获得更加有趣的视觉效果，适合拍摄高速运动题材（如飞溅的浪花、腾空的摩托车等）。可录制时间最长为 6 分钟，且视频会被压缩以保持数据量的记录为每秒 200 Mb。

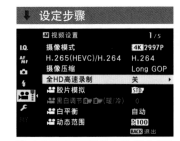

❶ 在**视频设置菜单**中选择**全 HD 高速录制**选项，然后按▶方向键

- 2×▶59.94P ⚏120P：选择此选项，将以 59.94P 的画面速率、120 帧 / 秒拍摄高帧频视频，在回放时可以以 1/2 的速度回放视频。
- 2×▶50P ⚏100P：选择此选项，将以 50P 的画面速率、100 帧 / 秒拍摄高帧频视频，在回放时可以以 1/2 的速度回放视频。
- 4×▶29.97P ⚏120P：选择此选项，将以 29.97P 的画面速率、120 帧 / 秒拍摄高帧频视频，在回放时可以以 1/4 的速度回放视频。
- 4×▶25P ⚏100P：选择此选项，将以 25P 的画面速率、100 帧 / 秒拍摄高帧频视频，在回放时可以以 1/4 的速度回放视频。
- 5×▶24P ⚏120P：选择此选项，将以 24P 的画面速率、120 帧 / 秒拍摄高帧频视频，在回放时可以以 1/5 的速度回放视频。
- 5×▶23.98P ⚏120P：选择此选项，将以 23.98P 的画面速率、120 帧 / 秒拍摄高帧频视频，在回放时可以以 1/5 的速度回放视频。
- 关：选择此选项，将不使用高速录制功能。

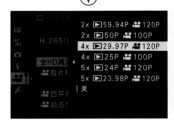

❷ 按▲或▼方向键选择所需的选项，然后按 MENU/OK 按钮确认

音频设置

在"音频设置"菜单中可以设置内置麦克风音量、外置麦克风音量、麦克风音量限制器、风滤镜、低频切除滤镜以及耳机音量。

内置麦克风音量调节

此选项用于调整内置麦克风的录制音量。

- 自动：选择此选项，相机将会自动调节录音音量。
- 手动：选择此选项，可手动从 25 个录制音量中进行选择，适用于高级用户。
- 关：选择此选项，将不会记录声音。

外置麦克风音量调节

此选项用于调整外置麦克风的录制音量，可设置选项与"内置麦克风音量调节"一样。

麦克风音量限制器

选择"开"选项，可以减少因超过麦克风音频电路限制的输入而导致的变声。

风滤镜

选择"开"选项，则可以降低户外录音时的风声噪音，也包括某些低音调噪音；在无风的场所录制时，建议选择"关"选项，以便能录制到更加自然的声音。

> **提示**
>
> 在 X-T4 相机中还有一个"麦克风端口设置"选项，用于选择连接麦克风插孔的是麦克风还是线路。

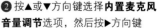

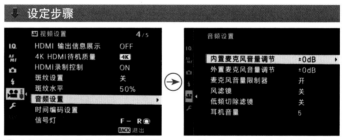

① 在**视频设置菜单**中选择**音频设置**选项，然后按▶方向键

② 按▲或▼方向键选择**内置麦克风音量调节**选项，然后按▶方向键

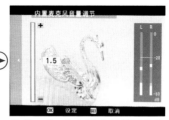

③ 按▲或▼方向键选择所需的选项，若选择了**手动**选项，然后按▶方向键

④ 按▲或▼方向键选择所需的数值，然后按 MENU/OK 按钮确认

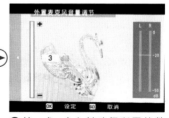

⑤ 若在步骤②中选择了**外置麦克风音量调节**选项，按▲或▼方向键选择所需的选项，若选择了**手动**选项，然后按▶方向键

⑥ 按▲或▼方向键选择所需的数值，然后按 MENU/OK 按钮确认

⑦ 若在步骤②中选择了**麦克风音量限制器**选项，按▲或▼方向键选择**开**或**关**选项，然后按 MENU/OK 按钮确认

⑧ 若在步骤②中选择了**风滤镜**选项，按▲或▼方向键选择**开**或**关**选项，然后按 MENU/OK 按钮确认

低频切除滤镜

选择启用低截止滤波器，从而减少动画录制过程中的低频噪音。

设定步骤

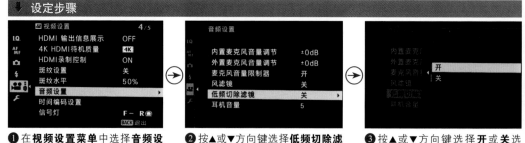

❶ 在**视频设置菜单**中选择**音频设置**选项，然后按▶方向键

❷ 按▲或▼方向键选择**低频切除滤镜**选项，然后按▶方向键

❸ 按▲或▼方向键选择**开**或**关**选项，然后按 MENU/OK 按钮确认

耳机音量

当将耳机插入相机时，通过此选项能够调整耳机音量。可以从 1~10 中选择音量等级，选择"关"选项，则不会输出声音至耳机。

设定步骤

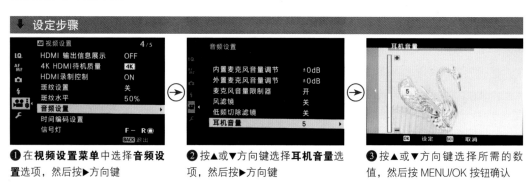

❶ 在**视频设置菜单**中选择**音频设置**选项，然后按▶方向键

❷ 按▲或▼方向键选择**耳机音量**选项，然后按▶方向键

❸ 按▲或▼方向键选择所需的数值，然后按 MENU/OK 按钮确认

视频静音控制

在此菜单中选择"开"选项，则可以禁用相机拨盘操作，而改为使用触摸屏来调整动画设定，以防调整相机参数时发出的声音录入视频中。

提示
X-T4相机无此菜单功能。

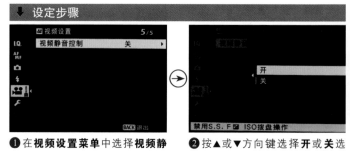

❶ 在**视频设置菜单**中选择**视频静音控制**选项，然后按▶方向键

❷ 按▲或▼方向键选择**开**或**关**选项，然后按 MENU/OK 按钮确认

4K 帧间降噪

在此菜单中选择"开"选项，则在使用 4K 画面大小录制视频时，会启用帧间降噪功能。不过在 4K 与 59.94P、50P 组合或选择 4K 以外的画面大小录制时，相机会自动选择"关"选项。

选择"关"选项，则禁用帧内降噪功能。

↓ 设定步骤

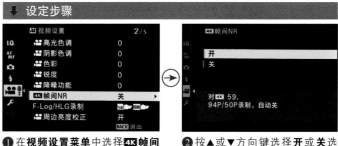

❶ 在**视频设置菜单**中选择**4K 帧间 NR** 选项，然后按▶方向键

❷ 按▲或▼方向键选择**开**或**关**选项，然后按 MENU/OK 按钮确认

AF-C 自定设置

在"AF-C 自定设置"菜单中可以选择在 AF-C 自动对焦模式下录制视频时的对焦跟踪选项。

追踪灵敏度

追踪灵敏度选项有 5 个等级，如果设置为偏向快速端的数值，那么当被摄体偏离自动对焦点时或者有障碍物从自动对焦点面前经过时，那么自动对焦点会迅速对焦其他物体或障碍物。

而如果设置偏向锁定端的数值，则自动对焦点会锁定被摄体，而不会轻易对焦到别的位置。

AF 速度

此选项用于设定在 AF-C 自动对焦模式下录制视频时，自动对焦功能的对焦速度。

可以将自动对焦转变速度从标准速度调整为慢 (5 个等级之一) 或快 (5 个等级之一)，以获得所需的短片效果。

↓ 设定步骤

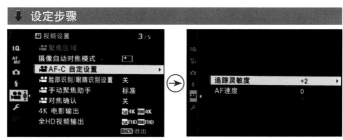

❶ 在**视频设置菜单**中选择**AF-C 自定设置**选项，然后按▶方向键

❷ 按▲或▼方向键选择**追踪灵敏度**选项，然后按▶方向键

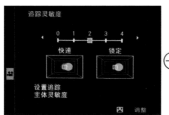

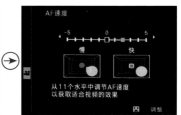

❸ 按◀或▶方向键选择所需的数值项，然后按 MENU/OK 按钮确认

❹ 若在步骤❷中选择了 **AF 速度**选项，在此界面中按◀或▶方向键选择所需的数值项，然后按 MENU/OK 按钮确认

『焦距：200mm ┊ 光圈：F8 ┊ 快门速度：1/1000s ┊ 感光度：ISO200 』

第 9 章 富士 X–T4/T3 镜头
选择与使用技巧

镜头标识名称解读

通常镜头名称中会包含很多数字和字母，镜头上各数字和字母都有特定的含义，熟记这些数字和字母代表的含义，就能很快地了解一款镜头的性能。富士 X-T4/T3 可用富士 XF 和 XC 系列镜头。

▲ XF 18-55 mm F2.8-4 R LM OIS

❶ XF：代表此镜头适用于 X 系列微单相机。

❷ 18-55mm：代表镜头的焦距范围。

❸ F2.8-4：代表此镜头在广角 18mm 焦距段时可用的最大光圈为 F2.8，在长焦端 55mm 焦距段时可用的最大光圈为 F4。

❹ R：代表此镜头使用光圈环。

❺ LM：代表此镜头采用线性马达。

❻ OIS：代表此镜头采用光学防抖技术。

▲ 使用广角镜头拍摄公路，公路呈现出较强的透视感，低速快门将流动的云彩拍成放射效果，画面同时具有强烈的空间感、纵深感『焦距：15mm ¦ 光圈：F16 ¦ 快门速度：30s ¦ 感光度：ISO160 』

镜头焦距与视角的关系

　　每款镜头都有其固有的焦距，焦距不同，拍摄视角和拍摄范围也不同，而且不同焦距下的透视、景深等效果也有很大的区别。例如，使用广角镜头的 14mm 焦距拍摄时，其视角能够达到 114°；而使用长焦镜头的 200mm 焦距拍摄时，其视角只有 12°。不同焦距镜头对应的视角如下图所示。

　　由于不同焦距镜头的视角不同，因此，不同焦距镜头适用的拍摄题材也有所不同。比如焦距短、视角宽的镜头常用于拍摄风光；而焦距长、视角窄的镜头常用于拍摄体育运动员、鸟类等位于远处的对象。

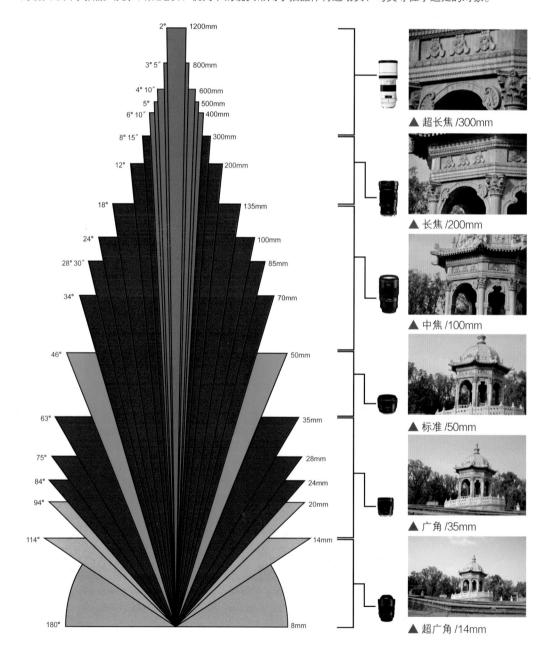

▲ 超长焦 /300mm

▲ 长焦 /200mm

▲ 中焦 /100mm

▲ 标准 /50mm

▲ 广角 /35mm

▲ 超广角 /14mm

理解 X–T4/T3 的焦距转换系数

富士 X–T4/T3 相机使用的是 APS–C 画幅的 CMOS 感光元件（23.5mm×15.6mm），由于尺寸要比全画幅的感光元件（36mm×24mm）小，因此其视角也会变小（即焦距变长）。但为了与全画幅相机的焦距数值统一，也为了便于描述，一般可以通过换算的方式得到一个统一的等效焦距，其中富士 APS–C 画幅相机的焦距换算系数为 1.5。

因此，在使用同一支镜头的情况下，如果将其装在全画幅相机上，焦距为 100mm；那么将其装在 APS–C 画幅的富士 X–T4/T3 上时，拍摄视角就等同于一支焦距为 150mm 的镜头，用公式表示为：APS–C 等效焦距 = 镜头实际焦距 × 转换系数（1.5）。

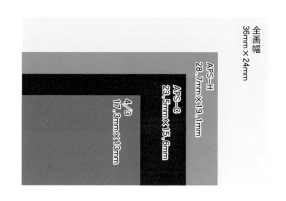

Q：为什么画幅越大视野越宽？

A：常见的相机画幅有中画幅、全画幅（即 135 画幅）、APS–C 画幅、4/3 画幅等。画幅尺寸越大，纳入画面的景物也就越多，所呈现出来的视野也就显得越宽广。

在右侧的示例图中，展示了 50mm 焦距画面在 4 种常见画幅上的视觉效果。拍摄时相机所在的位置不变，由照片之间的差别可以看出，画幅越大所拍摄到的景物越多，50mm 焦距在中画幅相机上显示的效果就如同使用广角镜头拍摄，在 135 画幅相机上是标准镜头，在 APS–C 画幅相机上就成为中焦镜头，在 4/3 相机上就算长焦镜头。因此，在其他条件不变的前提下，画幅越大则画面视野越宽广，画幅越小则画面则视野越狭窄。

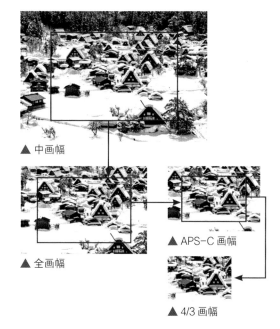

▲ 中画幅

▲ APS–C 画幅

▲ 全画幅

▲ 4/3 画幅

选购定焦还是变焦镜头

定焦镜头的焦距不可调节，它拥有光学结构简单、最大光圈很大、成像质量优异等特点，在焦段相同的情况下，定焦镜头的拍摄效果往往可以和价值数万元的专业镜头媲美。其缺点是，由于焦距不可调节、机动性较差，不利于拍摄时进行灵活的构图。

▲ 富士龙 XF 56mm F1.2R APD 定焦镜头

变焦镜头的焦距可在一定范围内变化，其光学结构复杂、镜片数量较多，使得它的生产成本很高，少数恒定大光圈、成像质量优异的变焦镜头价格昂贵，通常在万元以上。变焦镜头的最大光圈较小，能够达到恒定F2.8光圈就已经是顶级镜头了，当然在售价上也是"顶级"的。

变焦镜头的存在，解决了我们以不同的景别拍摄时需要走来走去的难题，虽然在成像质量以及光圈上与定焦镜头相比有所不及，但那只是相对而言，在拍摄环境比较苛刻的情况下，变焦镜头确实能为我们提供更大的便利。

▲ 富士龙 XF 16-55mmF2.8 R LM WR 广角镜头

▲ 在这组照片中，摄影师只是在较小的范围内移动，就拍摄到了景别和环境完全不同的照片，这都得益于变焦镜头带来的好处

5 款富士龙高素质镜头点评

XF 16-55mmF2.8 R LM WR 广角镜头

此款镜头采用 12 组 17 片结构，配备了 F2.8 的恒定大光圈，可以实现优质的图像质量，9 片圆形光圈叶片可以形成平滑的圆形散景效果，并且对球面像差进行了有效抑制，使得在拍摄时无论前景还是后景都能形成漂亮的散景效果。

此外，镜头还使用了 3 片超低色散玻璃镜片，能有效减少降低横向色差（广角）和轴向色差（望远），提高镜头的反差和分辨率；使用 3 片非球面镜片，能大大降低广角的成像畸变，保证其具有出众画质。安装在富士 X-T4/T3 相机上，等效焦距为 24~84mm，覆盖了从广角到中焦的常用焦距，是典型的标准变焦镜头，可用于拍摄人像、风光等常见题材。

由于此款镜头的重量较轻，因此搭配富士 X-T4/T3 相机使用时，整体比例感觉很协调，携带也很方便。

镜片结构	12 组 17 片
最大光圈	F2.8
最小光圈	F22
最近对焦距离（m）	0.6（标准拍摄模式） 0.3（微距拍摄模式）
滤镜尺寸（mm）	77
规格（mm）	约 83.3×129.5
重量（g）	655

XF 56mmF1.2 R APD 定焦镜头

富士龙 XF 56mmF1.2 R APD 是一款标准定焦镜头，安装在富士微单机身上，视觉效果非常好。这款镜头的最大光圈为 F1.2，使用最大光圈拍摄时，即使光线并不充足，也能够得到不错的拍摄效果。

作为富士纳米技术巅峰之作的内置 APD 滤镜，可以使相机拍摄出更为平滑的散景效果，让拍摄对象更突出并更具创意。此款镜头不仅在拍摄人像时表现优秀，还适用于广泛的其它拍摄对象，如静物、花卉、街景等拍摄题材。而加入的 1 片非球面镜片和 2 片超低色散镜片，可以有效减少画面的畸变和色差，使得图像质量更为优秀。

镜片结构	8 组 11 片
最大光圈	F1.2
最小光圈	F16
最近对焦距离（m）	0.7
滤镜尺寸（mm）	62
规格（mm）	约 72.2×69.7
重量（g）	405

XF 55-200mmF3.5-4.8 R LM OIS 变焦镜头

此款镜头提供了较大光圈以及高速自动对焦性能的线性马达，同时具有图像防抖功能，允许摄影师使用提高 4.5 档的快门速度进行拍摄，并且镜头重量仅为 580g，可以保证在弱光下环境手持拍摄的画质。

此款镜头的变焦比为 3.8 倍，安装在富士 X-T4/T3 相机上，其长焦端的换算焦距达到了 305mm，因此非常适合拍摄体育运动、野生动物等题材。

此款镜头可以与 XF 18-55mm F2.8-4 R LM OIS 或 XF 16-55mmF2.8 R LM WR 镜头搭配使用，从而用两支镜头覆盖 18mm 到 200mm 的焦距段，实现"两支镜头走天下"的目标。

镜片结构	10 组 14 片
最大光圈	F3.5~4.8
最小光圈	F22
最近对焦距离（m）	1.1
滤镜尺寸（mm）	62
规格（mm）	约 75×177
重量（g）	580

XF 18-135mmF3.5-5.6 R LM OIS WR 变焦镜头

此款镜头最大的优点就是变焦范围大，其变焦比达到了 7.5 倍，等效焦段覆盖了 27mm~206mm，因此可用于拍摄人像、运动、风景、动物、静物等多种题材。

镜头采用了高性能玻璃材质，包括 4 片非球面玻璃镜片和 2 片 ED 玻璃镜片，拥有卓越的清晰度和丰富的对比度，使得广角端和长焦端的都具有强大表现力。整个镜头内的镜片都覆有多层 HT-EBC 涂层，具有高渗透性和低反射率，能够有效地减少逆光拍摄时常见的重影和眩光。

此外，此款镜头改进了低频运动的检测性能，并开发了精确感知检测信号模糊性的算法，使低速快门范围的修正性能提高了 2 倍。并且镜头重量仅 490g，体积小巧，与富士 X-T4/T3 相机结合使用，可以实现不使用三脚架的轻装拍摄风格。

镜片结构	12 组 16 片
最大光圈	F3.5~5.6
最小光圈	F22
最近对焦距离（m）	0.6（标准拍摄模式） 0.45（微距拍摄模式）
滤镜尺寸（mm）	67
规格（mm）	约 75.7×158
重量（g）	490

XF 80mmF2.8 R LM OIS WR Macro 镜头

这款微距镜头是 X 系列镜头中首款拥有 F2.8 最大光圈及 1 倍放大倍率的镜头，安装在富士 X-T4/T3 相机上，等效焦距为 122mm，可轻松拍出高分辨率的画面和柔美的焦外效果，是拍摄花卉、微距、人像和静物的理想选择。

此款镜头采用全新开发的光学图像防抖系统，最高可以实现 5 档防抖性能，在拍摄微距题材时可以有效避免移位抖动情况，同时还可以抑制角度抖动。

此外，此款镜头还采用了线性马达，可以实现快速安静的自动对焦，在近距离拍摄易被打扰的对象时非常实用。若是将此款镜头与 1.4 倍或 2 倍望远增倍镜配合使用，可以实现更远距离的微距题材创作。

镜片结构	12 组 16 片
光圈叶片数	9
最大光圈	F2.8
最小光圈	F22
最近对焦距离（cm）	25
最大放大倍率	1
滤镜尺寸（mm）	62
规格（mm）	80×130
重量（g）	750

选购镜头时的合理搭配

不同焦段的镜头有着不同的功用，如 85mm 焦距镜头被奉为人像摄影的不二之选，而 50mm 焦距镜头在人文、纪实等领域也有着无可替代的地位。根据拍摄对象的不同，可以选择广角、中焦、长焦以及微距等多个焦段的镜头。

如果要购买多支镜头以满足不同的拍摄需求，一定要注意焦段的合理搭配，比如 XF 16-55mmF2.8 R LM WR、XF 55-200mmF3.5-4.8 R LM OIS、XF 100-400mmF4.5-5.6 R LM OIS WR，覆盖了从广角到长焦最常用的焦段，并且各镜头之间焦距的衔接极为紧密，即使是专业摄影师来使用，也能够满足绝大部分拍摄需求。

即使是普通的摄影爱好者，在选购镜头时也应该特别注意各镜头间的焦段搭配，尽量避免重合，甚至可以留出一定的"中空"，以避免焦段重合而造成浪费：毕竟好的镜头是很贵的。

16~55mm 焦段	55~200mm 焦段	100~400mm 焦段
XF 16-55mmF2.8 R LM WR	XF 55-200mmF3.5-4.8 R LM OIS	XF100-400mmF4.5-5.6 R LM OIS WR

与镜头相关的常见问题解答

Q：如何准确理解焦距？

A：镜头的焦距是指对无限远处的被摄体对焦时镜头中心到成像面的距离，一般用长短来描述。焦距变化带来的不同视觉效果主要体现在视角上。

视野宽广的广角镜头，光照射进来的入射角度较大，镜头中心到光集结起来的成像面之间的距离较短，对角线视角较大，因此能够拍出场景更广阔的画面；而视野窄的长焦镜头，光的入射角度较小，镜头中心到成像面的距离较长，对角线视角较小，因此适合以特写的角度拍摄远处的景物。

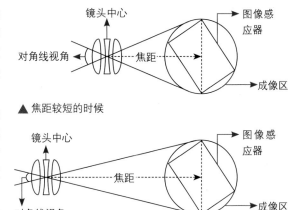

▲ 焦距较短的时候

▲ 焦距较长的时候

Q：使用广角镜头的缺点是什么？

A：广角镜头虽然非常有特色，但也存在一些缺陷。

● 边角模糊：对于广角镜头，特别是广角变焦镜头来说，最常见的问题是照片四角模糊。这是由镜头的结构导致的，因此这个现象较为普遍，尤其是使用 F2.8、F4 这样的大光圈时。在廉价广角镜头中，这种现象更严重。

● 暗角：由于广角镜头的光线是以倾斜的角度进入的，此时光圈的开口不再是一个圆形，而是类似于椭圆的形状，因此照片的四角处会出现变暗的情况，如果缩小光圈，则可以减弱这个现象。

● 桶形失真：使用广角镜头拍摄的图像中，除中心位置以外的直线将呈现向外弯曲的形状（好似一个桶的形状），因此在拍摄人像、建筑等题材时，会导致所拍摄出来的照片失真。

Q：怎么拍出没有畸变与透视感的照片？

A：要想拍出畸变小、透视感不强烈的照片，就不能使用广角镜头进行拍摄，而是选择一个较远的距离，使用长焦镜头拍摄。这是因为在远距离下，长焦镜头可以将近景与远景间的纵深感减少，以形成压缩效果，因而容易得到畸变小、透视感弱的照片。

Q：使用脚架进行拍摄时是否需要关闭防抖功能？

A：一般情况下，使用脚架拍摄时需要关闭防抖功能，这是为了防止防抖功能将脚架的调整误检测为手的抖动。

Q：什么是对焦距离？

A：所谓对焦距离是指从被摄体到成像面（图像感应器）的距离，以相机焦平面标记到被摄体合焦位置的距离为计算基准。

许多摄影师常常将其与镜头前端到被摄体的距离（工作距离）相混淆，其实对焦距离与工作距离是两个不同的概念。

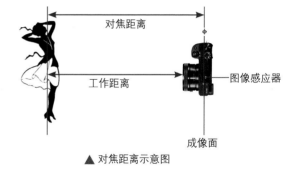

▲ 对焦距离示意图

Q：什么是最近对焦距离？

A：最近对焦距离是指能够对被摄体合焦的最短距离。也就是说，如果被摄体到相机成像面的距离短于该距离，那么就无法完成合焦，即距离相机小于最近对焦距离的被摄体将会被全部虚化。在实际拍摄时，拍摄者应根据被摄体的具体情况和拍摄目的来选择合适的镜头。

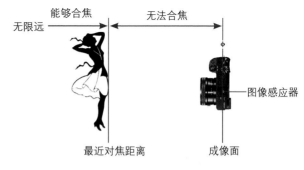

▲ 最近对焦距离示意图

Q：什么是镜头的最大放大倍率？

A：最大放大倍率是指被摄体在成像面上的成像大小与实际大小的比率。如果拥有最大放大倍率为等倍的镜头，就能够在图像感应器上得到和被摄体实际大小相同的图像。

对于数码照片而言，因为可以使用比图像感应器尺寸更大的回放设备（如计算机等）进行浏览，所以成像看起来如同被放大一般，但最大放大倍率还是应该以在成像面上的成像大小为基准。

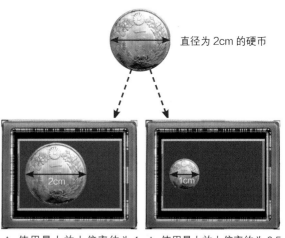

▲ 使用最大放大倍率约为 1 倍的镜头拍摄到最大的形态，在图像感应器上的成像直径为 2cm。

▲ 使用最大放大倍率约为 0.5 倍的镜头拍摄到最大的形态，在图像感应器上的成像直径为 1cm。

第 10 章 用附件为照片增色的技巧

存储卡：容量及读 / 写速度同样重要

富士 X-T4/T3 相机适用 SD、SDHC 或 SDXC 存储卡，还适用 UHS-I Speed Class SDHC 和 SDXC 存储卡。在购买时，建议不要直接买一张大容量的存储卡，而是将所需内存分成两张购买。比如需要 128GB 的 SD 卡，则建议购买两张 64GB 的存储卡，虽然在使用时有换卡的麻烦，但两张卡同时出现故障的概率要远小于只有一张卡出故障的概率。

Q：什么是 SDHC 型存储卡？

A：SDHC 是 Secure Digital High Capacity 的缩写，即高容量 SD 卡。SDHC 型存储卡最大的特点就是高容量（2~32GB）。另外，SDHC 采用的是 FAT32 文件系统，其传输速度分为 Class2（2MB/s）、Class4（4MB/s）、Class6（6MB/s）等级别，高速 SD 卡可以支持高分辨率视频的实时存储。

Q：什么是 SDXC 型存储卡？

A：SDXC 是 SD eXtended Capacity 的缩写，即超大容量 SD 存储卡。其最大容量可达 64GB，理论容量可达 2TB。此外，其数据传输速度也很快，最大理论传输速度能达到 300MB/s。但目前许多数码相机及读卡器并不支持此类型的存储卡，因此在购买前要确定当前所使用的数码相机与读卡器是否支持此类型的存储卡。

Q：存储卡上的 I 与 ⓤ 标识是什么意思？

A：存储卡上的 I 标识表示此存储卡支持超高速（Ultra High Speed，即 UHS）接口，即其带宽可以达到 104MB/s，因此，如果计算机的 USB 接口为 USB 3.0，存储卡中的 1GB 照片只需要几秒就可以全部传输到计算机中。如果存储卡上标识有 ⓤ，则说明该存储卡还能够满足实时存储高清视频的 UHS Speed Class 1 标准。

▲ 不同格式的 SDXC 及 SDHC 存储卡

UV 镜：保护镜头的选择之一

UV 镜也叫"紫外线滤镜"，主要是针对胶片相机设计的，用于避免紫外线对曝光的影响，提高成像质量，增加影像的清晰度。虽然现在的数码相机已经不存在这个问题了，但由于其价格低廉，便成为摄影师用来保护数码相机镜头的工具。

▲ B+W UV 镜

笔者强烈建议摄影师在购买镜头的同时也购买一款 UV 镜，以更好地保护镜头不受灰尘、手印及油渍的侵扰。除了购买原厂的 UV 镜外，肯高、HOYO、大自然及 B+W 等厂商生产的 UV 镜也不错，性价比很高。此外，口径越大的 UV 镜，价格也越高。

偏振镜：消除或减少物体表面的反光

什么是偏振镜

偏振镜也叫偏光镜或 PL 镜，主要用于消除或减少物体表面的反光。在风光摄影中，为了降低反光、获得浓郁的色彩，又或者希望拍摄到清澈见底的水面、透过玻璃拍清楚里面的物品等，一个好的偏振镜是必不可少的。

偏振镜分为线偏和圆偏两种，数码相机应选择有"C-PL"标志的圆偏振镜，因为在数码微单相机上使用线偏振镜容易影响测光和对焦。

在使用偏振镜时，可以旋转其调节环以选择不同的强度，在旋转时从取景窗中可以看到一些色彩上的变化。同时需要注意的是，使用偏振镜后会阻碍光线的进入，大约相当于减少两挡光圈的进光量，故在使用偏振镜时，我们的快门速度需要降低为原来的 1/4，这样才能拍出与未使用偏振镜时相同曝光量的照片。

▲ 肯高 67mm C-PL（W）偏振镜

用偏振镜压暗蓝天

晴朗天空中的散射光是偏振光，利用偏振镜可以减少偏振光，使蓝天变得更蓝、更暗。加装偏振镜后所拍摄的蓝天，比使用蓝色渐变镜拍摄的蓝天要更加真实，因为使用偏振镜拍摄，既能压暗天空，又不会影响其余景物的色彩还原。

用偏振镜提高色彩饱和度

如果拍摄环境的光线比较杂乱，会对景物的色彩还原产生不好的影响。环境光和天空光在物体上形成的反光，会使景物的颜色看起来不鲜艳。使用偏振镜进行拍摄，可以消除杂光中的偏振光，减少杂散光对物体颜色还原的影响，从而提高物体的色彩饱和度，使景物的颜色显得更加鲜艳。

用偏振镜抑制非金属表面的反光

使用偏振镜拍摄的另一个好处就是可以抑制被摄体表面的反光。我们在拍摄水面、玻璃表面时，经常会遇到反光的困扰，使用偏振镜则可以削弱水面、玻璃及其他非金属物体表面的反光。

▲ 使用偏振镜消除水面的反光，从而拍摄到更加清澈的水面『焦距：20mm┊光圈：F10┊快门速度：1/160s┊感光度：ISO200』

中灰镜：减少镜头的进光量

什么是中灰镜

中灰镜又被称为 ND（Neutral Density）镜，是一种不带任何色彩的灰色滤镜，安装在镜头前面时，可以减少镜头的进光量，从而降低快门速度。当光线太过充足而无法降低快门速度时，可以使用中灰镜。

▲ 肯高 52mm ND4 中灰镜

中灰镜的规格

中灰镜分为不同的级数，常见的有 ND2、ND4、ND8 这 3 种，分别代表降低 1 挡、2 挡和 3 挡快门速度。例如，在晴朗天气条件下使用 F16 的光圈拍摄瀑布时，得到的快门速度为 1/16s，使用这样的快门速度拍摄无法使水流虚化，此时可以安装 ND4 型号的中灰镜，或安装两块 ND2 型号的中灰镜，使镜头的进光量降低，从而降低快门速度至 1/4s，即可得到预期的效果。

中灰镜各参数对照表				
透光率（p）	密度（D）	阻光倍数（O）	滤镜因数	曝光补偿级数（应开大光圈的级数）
50%	0.3	2	2	1
25%	0.6	4	4	2
12.5%	0.9	8	8	3
6%	1.2	16	16	4

通过使用中灰镜降低快门速度，拍摄到水流连成丝线状的效果（焦距：16mm｜光圈：F22｜快门速度：1.3s｜感光度：ISO160）

中灰渐变镜：平衡画面曝光

什么是中灰渐变镜

渐变镜是一种一半透光、一半阻光的滤镜，从形状上分为圆形和方形两种，在色彩上也有很多选择，如蓝色、茶色等。而在所有的渐变镜中，最常用的应该是中灰渐变镜，也就是一种带有中性灰色的渐变镜。

不同形状渐变镜的优缺点

中灰渐变镜有圆形与方形两种形状，圆形渐变镜是直接安装在镜头上的，使用起来比较方便，但由于其渐变效果是不可调节的，因此只能调节约占画面 50% 的照片；而使用方形渐变镜时，需要买一个支架装在镜头前面，其优点是可以根据构图的需要调整渐变的位置。

▲ 不同形状的中灰渐变镜

在阴天使用中灰渐变镜改善天空影调

中灰渐变镜几乎是在阴天拍摄时唯一能够有效改善天空影调的滤镜。在阴天环境下，虽然乌云密布显得很有层次，但是实际上天空的亮度仍然远远高于地面，所以如果按正常曝光手法拍摄，得到的画面中天空会由于过曝而显得没有层次感。此时，如果使用中灰渐变镜，用深色的一端覆盖天空，则可以通过降低镜头的进光量来延长曝光时间，使云的层次得到较好的表现。

使用中灰渐变镜降低明暗反差

当拍摄日出、日落等明暗反差较大的场景时，为了使较亮的天空与较暗的地面都得到均匀的曝光，可以使用中灰渐变镜拍摄。拍摄时用镜片较暗的一端覆盖天空，即可降低此区域的通光量，从而使天空与地面均得到正确曝光。

▲ 借助中灰渐变镜压暗过亮的天空，缩小其与地面的明暗差距，最终得到了层次细腻的画面效果『焦距：35mm ┊光圈：F3.2 ┊快门速度：1/400s ┊感光度：ISO250 』

快门线：避免直接按下快门产生震动

快门线的作用

在对拍摄的稳定性要求很高的情况下，通常会采用快门线与脚架结合使用的方式进行拍摄。其中，快门线的作用就是避免直接按下机身快门时可能产生的震动，以保证拍摄时相机保持稳定，从而获得更高质量的画面。

▲ 这幅夜景照片的曝光时间达到了 15s，为了保证画面不会模糊，快门线与三脚架是必不可少的『焦距：23mm ┆ 光圈：F7.1 ┆ 快门速度：15s ┆ 感光度：ISO200』

快门线的使用方法

将快门线与相机连接后，可以像在相机上操作一样，半按快门进行对焦、完全按下快门进行拍摄，但由于不用触碰机身，因此在拍摄时可以避免相机的抖动。富士 X-T4/T3 适用的是型号为 RR-100 的快门线。

▲ RR-100 快门线

脚架：保持相机稳定的基本装备

脚架是最常用的摄影配件之一，使用它可以让相机变得更稳定，即使在长时间曝光的情况下也能够拍摄到清晰的照片。

脚架的分类

市场上的脚架类型非常多，按材质可以分为木质、高强塑料材质、合金材料、钢铁材料、碳素纤维及火山岩等几种，其中以铝合金及碳素纤维材质的脚架最为常见。

▲ 三脚架（左）与独脚架（右）

铝合金脚架的价格较便宜，但重量较重，不便于携带；碳素纤维脚架的质量要比铝合金脚架高，便携性、抗震性、稳定性都很好，在经济条件允许的情况下，是非常理想的选择，缺点是价格很贵，往往是相同档次铝合金脚架的好几倍。

另外，根据支脚数量可把脚架分为三脚与独脚两种。三脚架用于稳定相机，甚至在配合快门线、遥控器的情况下，可实现完全脱机拍摄；而独脚架的稳定性能要弱于三脚架，主要是起支撑的作用，在使用时需要摄影师来控制独脚架的稳定性，但由于其体积和重量都只有三脚架的 1/3，所以无论是旅行还是日常拍摄，携带起来都十分方便。

云台的分类

云台是连接脚架和相机的配件，用于调节拍摄的角度，包括三维云台和球形云台两类。三维云台的承重能力强、构图十分精准，缺点是占用的空间较大，在携带时稍显不便；球形云台体积较小，只要旋转按钮，就可以让相机迅速转到所需要的角度，操作起来十分方便。

▲ 三维云台（左）与球形云台（右）

Q：在使用三脚架的情况下怎样做到快速对焦？

A：使用三脚架拍摄，通常确定构图后相机就固定在三脚架上不再调整了，可是在这样的情况下，想要对焦之后锁定对焦点再微调构图的方式便无法实现了，因此，建议先使用单次自动对焦模式对画面进行对焦，然后再切换成手动对焦模式，只要手动调节对焦点至对焦区域的范围内，就可以实现准确对焦。即使构图做了一些调整，焦点也不会轻易改变。不过需要注意的是，变焦镜头在变焦后会导致焦点偏移，所以变焦后需要重新对焦。

X-T4/T3

闪光灯

闪光灯功能设置

当富士 X-T3 相机上安装了附带的 EF-X8 热靴卡口闪光灯组件时，便可以使用闪光灯。

在"闪光灯功能设置"菜单中，可根据拍摄环境设置下列选项。

闪光控制模式

在此选项中包含"TTL""M""📷（命令）"和"OFF（关）"4 个选项。

●TTL：选择此模式，由闪光灯自动控制闪光输出量，可以配合闪光补偿使用。

●M：选择此模式，无论拍摄对象的亮度和相机设定如何，闪光灯都以所选的输出数值进行闪光。闪光输出以全光的比值表示，可以在 1/1 至 1/64 之间选择。

●📷（命令）：选择此模式，安装在热靴上的闪光灯可用于控制选购的遥控闪光灯组件。

●OFF（关）：选择此模式，安装在相机上的 EF-×8 闪光灯不会闪光。需要注意的是，若通过同步终端连接有闪光灯组件，那么连接的闪光灯仍会在拍摄时闪光，此时可以通过降下 EF-×8 并在闪光设置菜单中关闭组件可禁止闪光。在博物馆、音乐会或宗教仪式上适合使用此闪光控制模式。

▲ 在光线较暗的环境中，借助闪光灯的闪光不仅可提高快门速度，还可以提亮画面『焦距：80mm ┊ 光圈：F3.5 ┊ 快门速度：1/125s ┊ 感光度：ISO400』

> **提示**
>
> X-T30相机有内置闪光灯，在光线较弱的场景下，拨动闪光灯弹出杆弹出闪光灯，以对画面补光。

设定步骤

❶ 在**闪光设置菜单**中选择**闪光灯功能设置**选项，然后按▶方向键

❷ 按▲、▼、◀、▶方向键选择修改选项并进行修改

闪光补偿

在此选项中可以调整闪光补偿量或闪光级别，可用选项根据闪光控制模式的不同而异。

闪光灯模式

当在"闪光控制模式"中选择了"TTL"选项，可以在此选项中设置闪光灯模式，共提供了自动闪光、标准和慢同步3种模式，可用选项根据所选拍摄模式（P、S、A或M）的不同而异。

▲ 使用慢同步闪光模式拍摄时，不仅可以使前景中的模特有很好的表现，就连背景中漂亮的灯光也可以表现得很好，从而使拍摄出来的照片更自然、真实『焦距：85mm┊光圈：F2┊快门速度：1/25s┊感光度：ISO125』

- **自动闪光**（自动闪光）：选择此模式，当拍摄环境较暗时，闪光灯将自动闪光。此模式仅在程序自动曝光模式下可用。
- **标准**（标准）：选择此模式，闪光灯在每次拍摄时都会闪光；闪光级别根据拍摄对象的亮度自动进行调整。
- **慢同步**（慢同步）：选择此模式，相机将降低快门速度，由闪光灯照亮前景的被摄对象，由于快门速度较低，因此能够拍摄出清晰、明亮的背景。

同步

在此选项中设置闪光灯是在快门开启后立即闪光还是在曝光结束前闪光。

▲ 在第二幕同步闪光模式下，使用较慢的快门速度拍摄，模特出现在光线的上方『焦距：50mm┊光圈：F2┊快门速度：1/10s┊感光度：ISO125』

- **第一幕**（第一幕）：使用此闪光模式时，闪光灯将在快门开启时闪光，当进行长时间曝光形成光线拖尾时，此模式可以让拍摄对象出现在光线的下方。
- **第二幕**（第二幕）：使用此闪光模式时，闪光灯将在快门关闭之前进行闪光，当进行长时间曝光形成光线拖尾时，此模式可以让拍摄对象出现在光线的上方。

用跳闪方式进行补光拍摄

所谓跳闪，通常是指使用外置闪光灯，通过反射的方式将光线射到被摄对象身上，常用于室内或有一定遮挡的人像摄影中，这样可以避免直接对被摄对象进行闪光，造成光线太过生硬、没有立体感的平光效果。

在室内拍摄人像时，经常会调整闪光灯的照射角度，让其向着房间的顶棚进行闪光，然后将光线反射到被摄对象身上，这在人像、现场摄影中是非常常见的一种补光形式。

▲ 跳闪补光示意图

▶ 使用闪光灯向屋顶照射光线，使之反射到人物身上进行补光，人物的皮肤显得更加细腻，画面整体感觉也更为柔和『焦距：35mm ┊ 光圈：F4 ┊ 快门速度：1/160s ┊ 感光度：ISO200』

为人物补充眼神光

眼神光板是中高端闪光灯才拥有的组件，在富士 EF-X500、EF-42 上就有此组件，平时可收纳在闪光灯的上方，在使用时将其抽出即可。

其最大的作用就是利用闪光灯在垂直方向可旋转一定角度的特点，将闪光灯射出的少量光线反射至人眼中，从而形成漂亮的眼神光，虽然效果并非最佳（最佳的方法是使用反光板补充眼神光），但至少可以在一定程度上让眼睛更有神。

▶ 拉出眼神光板后的闪光灯

▶ 这幅照片是使用闪光灯的反光板为人物补光拍摄的，为人物眼睛补充了一定的眼神光，使之看起来更有神『焦距：56mm ┊ 光圈：F2.8 ┊ 快门速度：1/200s ┊ 感光度：ISO200』

消除广角拍摄时产生的阴影

当使用闪光灯以广角焦距闪光并拍摄时，画面很可能会超出闪光灯的补光范围，因此就会产生一定的阴影或暗角效果。

此时，可以将闪光灯上面的内置广角散光板拉下来，以最大限度地避免阴影或暗角的形成。

▶ 上面这幅照片是拉下内置广角散光板后使用 17mm 焦距拍摄的结果，可以看出四角的阴影及暗角并不明显『焦距：17mm ┊ 光圈：F5.6 ┊ 快门速度：1/200s ┊ 感光度：ISO100』

▶ 下面这幅照片是收回内置广角散光板后拍摄的效果，由于画面已经超出闪光灯的广角照射范围，因此形成了较重的阴影及暗角，非常影响画面的表现效果『焦距：17mm ┊ 光圈：F5.6 ┊ 快门速度：1/200s ┊ 感光度：ISO100』

柔光罩：让光线变得柔和

柔光罩是专用于闪光灯上的一种硬件设备，直接使用闪光灯拍摄会产生比较生硬的光照，而使用柔光罩后，可以让光线变得柔和，当然，光照的强度也会随之变弱，可以使用这种方法为拍摄对象补充自然、柔和的光线。

外置闪光灯的柔光罩类型比较多，其中比较常见的有肥皂盒形、碗形柔光罩等，配合外置闪光灯强大的功能，可以更好地进行照亮或补光处理。

▲ 外置闪光灯的柔光罩

▶ 右图为将闪光灯及柔光罩搭配使用为人物补光后拍摄的效果，可以看出，画面呈现出了非常柔和、自然的光照效果『焦距：50mm ┊ 光圈：F2.8 ┊ 快门速度：1/320s ┊ 感光度：ISO200』

第 11 章 富士 X–T4/T3 人像摄影技巧

『焦距：5 ▓▓▓▓▓ 光圈：F2.8 ┊ 快门速度：1/200s ┊ 感光度：ISO160 』

用高速快门凝固人物精彩瞬间

如果拍摄静态人物，使用 1/8s 左右的快门速度就可以成功拍摄。当然，在这种情况下，很难达到安全快门速度，此时最好使用三脚架，以保证拍摄到清晰的图像。

如果是拍摄运动人像，那么应根据人物的运动速度来确定快门速度，人物的运动速度越快，快门速度就应该越高。如果光线不足的话，还可以通过设置较大的光圈及较高的感光度来获得较高的快门速度。

▲ 使用 1/1000s 的高速快门凝固了女孩纵身跳跃的精彩瞬间『焦距：70mm ┊ 光圈：F11 ┊ 快门速度：1/250s ┊ 感光度：ISO100』

S 形构图表现女性柔美的身体曲线

在现代人像拍摄中，S 形构图被越来越多地用来表现人物身体的线条感，S 形构图中弯曲的线条朝哪一个方向及弯曲的力度大小都是有讲究的（弯曲的力度越大，表现出来的力量也就越大）。

所以，在人像摄影中，用来表现身体曲线的 S 形线条的弯曲程度都不会太大，否则被摄对象要很用力地凹一个部位的造型，从而影响到其他部位的表现。

▲ S 形构图是表现女性妩媚、展现曼妙身材常用的构图形式『焦距：56mm ┊ 光圈：F2.8 ┊ 快门速度：1/500s ┊ 感光度：ISO160』

用侧逆光拍出唯美人像

　　在拍摄女性人像时，为了将她们漂亮的头发从繁纷复杂的背景中分离出来，常常需要借助低角度的侧逆光来制造漂亮的头发光，从而增加其妩媚动人之感。

　　如果使用自然光，拍摄的时间应该选择在下午 5 点左右，这时太阳西沉，距离地平线较近，因此阳光照射角度较小。拍摄时让模特背侧向太阳，使阳光以斜向 45° 的方向照在模特身后，即可形成漂亮的头发光。纤细的发丝会在光线的照耀下散发出金色的光芒，其质感、发型样式都得到完美表现，使模特看起来更漂亮。

　　由于背侧向光线，因此需要借助反光板或闪光灯为人物正面进行补光，以表现其光滑细嫩的皮肤。

▶ 侧逆光打亮了人物头发轮廓，形成了黄色发光，将女孩柔美的气质很好地凸显出来了『焦距：105mm ┊ 光圈：F4 ┊ 快门速度：1/400s ┊ 感光度：ISO100』

逆光塑造剪影效果

　　在运用逆光拍摄人像时，由于在逆光的作用下，画面会呈现出黑色的剪影，因此逆光常常作为塑造剪影效果的一种必要条件。而在配合其他光线使用时，被摄体背后的光线和其他光线会产生强烈的明暗对比，从而勾勒出人物美妙的线条。也正是因为逆光能够产生这种艺术效果，因此逆光也被称为"轮廓光"。

　　通常采用这种手法拍摄户外人像，测光时应该使用点测光的方式，对准天空较亮的云彩进行测光，以确保天空中云彩有细腻、丰富的细节，而主体人像则呈现为轮廓线条清晰、优美的剪影效果。

▲ 对天空较亮的区域进行测光，锁定曝光后再对剪影处的人像进行对焦，使人像由于曝光不足而呈现轮廓清晰、优美的剪影效果『焦距：70mm ┊ 光圈：F8 ┊ 快门速度：1/800s ┊ 感光度：ISO200』

用广角镜头拍摄视觉效果强烈的人像

使用广角或超广角镜头拍摄的照片都会有不同程度的变形，如果要拍摄写实人像，则应该避免使用广角镜头。但如果希望得到更有个性的人像照片，则可以考虑使用广角镜头进行拍摄。

首先，利用广角镜头的变形特性可以修饰模特的身材，在拍摄时只需要将模特的腿部安排在画面的下三分之一处，就能够使其看上去更修长。

其次，可以利用其透视变形的特性来增强画面的张力与冲击力。

使用镜头的广角端拍摄人像时，应注意如下两点：

1. 拍摄时要距离模特比较近，这样才可以充分利用广角端的特性。如果使用广角端拍摄时离模特太远，会使主体显得不够突出，且纳入太多背景也会使画面显得杂乱。

2. 使用广角镜头拍摄时比较容易出现暗角现象，素质越高的镜头则这种现象越不明显。在拍摄时应注意为后期处理留出较大空间。另外，在为广角镜头搭配遮光罩时，应该使用专用的遮光罩，并注意不要在广角全开时使用，从而避免由于遮光罩的原因而产生的暗角问题。

▲ 使用 18mm 广角镜头靠近模特进行拍摄，模特的双腿得到了拉伸，模特的身材看起来更加修长『焦距：18mm ┊ 光圈：F6.3 ┊ 快门速度：1/200s ┊ 感光度：ISO100』

Q：在树荫下拍摄人像怎样还原出正常的肤色？

A：在树荫下拍摄人像时，树叶所形成的反射光可能会在人脸上形成偏绿、偏黄的颜色，影响画面效果。

那么如何还原出正常的肤色呢？其实只需一个反光板即可。在拍摄时使用一个大尺寸的白色反光板，并尽量靠近被摄人像对其进行补光，使反光效果更明显的同时，能够有效地屏蔽掉其他反射光，避免多重颜色覆盖的问题，以还原出人物柔和、白皙的肤色。

X-T4/T3

三分法构图拍摄完美人像

简单来说，三分法构图就是黄金分割法的简化版，是人像摄影中最为常用的一种构图方法，其优点是能够在视觉上给人愉悦和生动的感受，避免人物居中带来的呆板感觉。

富士 X-T4/T3 相机在电子取景器和 LCD 显示屏拍摄状态下都提供了可用于进行三分法构图的网格线功能，我们可以将它与黄金分割构图完美地结合在一起使用。

▲ 将人物放在靠左三分线处，使画面显得简洁又不失平衡，给人一种耐看的感觉『焦距：50mm ┊ 光圈：F2 ┊ 快门速度：1/125s ┊ 感光度：ISO100』

▲ 富士 X-T3 相机的网格线可以辅助我们轻松地进行三分法构图

对于纵向构图的人像照片而言，通常以眼睛作为三分法构图的参考依据。当然随着拍摄面部特写到全身像的景别范围变化，构图的标准也略有不同。

▲ 特写时的三分法构图示意

▶ 在对人物头部进行特写拍摄时，通常会将人物眼睛置于画面的三分线处『焦距：56mm ┊ 光圈：F2.8 ┊ 快门速度：1/400s ┊ 感光度：ISO320』

使用道具营造人像照片的氛围

　　为了使画面更具有某种气氛，一些辅助性的道具是必不可少的，例如婚纱摄影、女性写真摄影中常用的鲜花，以及阴天拍摄时用的雨伞。这些道具不仅能够为画面增添气氛，还可以使人像摄影中较难摆放的双手呈现自然的状态。

　　道具的使用不但可以增加画面的内容，还可以营造出更加生动、活泼的气息。

▶ 在树林中拍摄情侣照时，女士提着果篮，而男士弯腰去拿果子的动作，让画面有了故事感『焦距：50mm ┆光圈：F4.5 ┆快门速度：1/160s ┆感光度：ISO200』

中间调记录真实自然的人像

　　中间调的明暗分布没有明显的偏向，画面整体趋于一个比较平衡的状态，在视觉感受上也没有过于轻快或凝重的感觉。

　　中间调是最常见也是应用最广泛的一种影调，其拍摄也是最简单的，拍摄时只要保证环境光线比较正常，并设置好合适的曝光参数即可。

▶ 无论是艺术写真还是日常记录，中间调都是摄影师最常用的影调『焦距：80mm ┆光圈：F3.2 ┆快门速度：1/800s ┆感光度：ISO200』

高调风格适合表现艺术化人像

　　高调人像的画面影调以亮调为主，暗调部分所占比例非常小，较常出现于女性或儿童人像照片，且多偏向艺术化的视觉表现。

　　在拍摄高调人像时，模特应该穿白色或其他浅色的服装，背景也应该选择相搭配的浅色，并采用顺光照射，以利于画面的表现。在阴天时，环境以散射光为主，此时先使用光圈优先照相模式（A 挡）对模特进行测光，然后再切换至手动照相模式（M 挡）降低快门速度以提高画面的曝光量。当然，也可以根据实际情况，在光圈优先模式（A 挡）下适当增加曝光补偿的数值，以提亮整个画面。

▲ 高调照片能给人轻盈、优美、淡雅的感觉，模特的头发使得画面有色彩亮点『焦距：27mm ┆光圈：F3.2 ┆快门速度：1/250s ┆感光度：ISO320 』

低调风格适合表现个性化人像

　　与高调人像相反，低调人像的影调构成以较暗的颜色为主，基本由黑色及部分中间调组成，亮调所占的比例较小。

　　在拍摄低调人像时，如果采用逆光拍摄，应该对背景的高光位置进行测光；如果采用侧光或侧逆光拍摄，通常以黑色或深色作为背景，然后对模特身体上的高光区域进行测光，这样该区域就能以中等亮度或者更暗的亮度表现出来，而原来的中间调或阴影部分则呈现为暗调。

　　在室内或影棚中拍摄低调人像时，根据要表现的主题，通常布置 1~2 盏灯光，比如正面光通常用于表现深沉、稳重的气氛，侧光常用于突出人物的线条，而逆光则常用于表现人物的形体造型或头发（即发丝光），此时模特宜穿着深色的服装，以与整体的影调相协调。

▶ 大面积的深色使画面展现出低调风格，再搭配模特冷酷的表情、浓郁的妆容，营造出了一种冷艳的氛围『焦距：56mm ┆光圈：F4.5 ┆快门速度：1/250s ┆感光度：ISO200 』

用道具拍摄人物的眼神光

眼神光是指光照使人物眼球上形成的微小光斑，从而使人物的眼神更加传神生动。眼神光在刻画人物的神态时有着不可替代的作用，往往也是人像摄影的点睛之笔。

无论是什么样的光源，只要位于人物面前且有足够的亮度，通常都可以形成眼神光。下面介绍几种制造眼神光的方法。

利用反光板制造眼神光

户外摄影通常以太阳光为主光，在晴朗的天气下拍摄时，除了顺光，在其他类型的光线下拍摄的人像明暗反差基本都比较明显，因此要使用反光板对阴暗面进行补光（即起辅光的作用），以有效地减小明暗反差。

当然，反光板的作用不仅仅局限在户外摄影，在室内拍摄人像时，也可以利用反光板来反射窗外的自然光。在专业的人像影楼里，通常也会使用数只反光板来起辅助照明的作用。

利用窗户光制造眼神光

在拍摄人像时，最好使用超过肩膀高度的窗户照进来的光线制造眼神光，根据窗户的形态及大小的不同，可形成不同效果的眼神光。

利用闪光灯制造眼神光

利用闪光灯也可以制造眼神光效果，但光点较小。多灯会形成多个眼神光，而单灯会形成一个眼神光。所以在人物摄影中，通过布光的方法制造眼神光时，所使用的闪光灯越少越好，一旦形成大面积的眼神光，反而会使人物显得呆板，不利于人物神态的表现，更起不到画龙点睛的作用。

▲ 通过在模特前面安放反光板的方法，模特的眼睛中呈现出明亮的眼神光，人物看起来更加有神『焦距：50mm ┊光圈：F2 ┊快门速度：1/250s ┊感光度：ISO400』

▶ 利用窗户光为人物补充眼神光，明亮的眼神光使人物变得很有精神『焦距：35mm ┊光圈：F2.8 ┊快门速度：1/250s ┊感光度：ISO500』

用玩具吸引儿童的注意力

儿童摄影非常重视道具的使用，这些东西能够吸引孩子的注意力，让他们表现出更自然、真实的状态。很多生活中常见的东西，只要符合孩子们的兴趣，都可以成为道具来使用，这样拍摄出来的照片气氛更活跃，内容更丰富，也更有意思。

▶ 孩子看到玩具，简直就是爱不释手，抱起玩具就完全进入了自己的世界『焦距：70mm ┊光圈：F7.1 ┊快门速度：1/160s ┊感光度：ISO400』

平视角度拍摄亲切儿童照

除了一些特殊的表现形式外，绝大多数时候，我们还是需要以平视的角度拍摄儿童，以保证拍摄到真实、自然的儿童照片。

这一点与拍摄成人照片有相同之处，只不过儿童身高矮一些，摄影师经常需要蹲下甚至是趴下才能保证获得平视的视角。

▲ 在采用平视角度拍摄儿童时，摄影师会很辛苦，经常需要在地上"摸爬滚打"地寻找合适的角度，同时还要保持相机的稳定。当然，在看到记录下一个个精彩的瞬间时，再多的辛苦也值了『焦距：50mm ┊光圈：F2.8 ┊快门速度：1/250s ┊感光度：ISO200』

利用特写记录儿童丰富的面部表情

儿童的表情总是非常自然、丰富，也正因为如此，儿童面部才成为很多摄影师喜欢拍摄的题材。在拍摄时，儿童明亮、清澈的眼睛是摄影师需要重点表现的部位。

▶ 摄影师抓拍到了小孩哭泣的表情，画面生动而有趣『焦距：50mm ¦ 光圈：F4 ¦ 快门速度：1/125s ¦ 感光度：ISO100』

增加曝光补偿表现娇嫩的肌肤

绝大多数儿童的皮肤都可以用"剥了壳的鸡蛋"来形容，在实际拍摄时，儿童的面部也是需要重点表现的部位，因此，良好表现儿童娇嫩的肌肤，就是每一个专业儿童摄影师以及喜欢记录的家长应该掌握的技巧。首先，给儿童拍摄时应尽量使用散射光，在这样的光线下拍摄儿童，不会出现光比较大的情况，也不会出现浓重的阴影，画面的整体影调平和，儿童的皮肤看起来也更加柔和、细腻。其次，可以在拍摄时增加曝光补偿，即在正常的测光数值的基础上，适当地增加 0.3~1 挡的曝光补偿，这样拍摄出的照片显得更亮、更通透，儿童的皮肤也会更加粉嫩、白皙。

▶ 利用柔和的散射光拍摄儿童并适当增加曝光补偿，使小孩的皮肤显得更加柔滑、娇嫩『焦距：80mm ¦ 光圈：F3.5 ¦ 快门速度：1/500s ¦ 感光度：ISO160』

『焦距：28mm ┆光圈：F14 ┆快门速度：1/640s ┆感光度：ISO200』

第 12 章 富士 X–T4/T3
风光摄影技巧

拍摄山峦的技巧

连绵起伏的山峦，是众多风光题材中最具视觉震撼力的一种。虽然拍摄出成功的山峦作品，背后要付出许多的辛劳和汗水，但还是有非常多的摄影师乐此不疲。

利用大小对比突出山的体量感

古诗云"不识庐山真面目，只缘身在此山中"，因此要想拍好山的整体效果，就要在山的外围或其他山的山顶拍摄，这样才能以更全面的角度观察、拍摄山脉。

而只找到合适的拍摄角度是远远不够的，想要表现山的雄伟气势及壮观效果，最好的方法就是在画面中加入人物、房屋、树木等人们已熟知事物的体量，作为参照物来衬托山川，从而通过画面中以小衬大的对比，使观者能够准确地体会到山的体量。另外，在拍摄时，应注意对比元素的大小及在画面中出现的位置，恰当的构图也是突出山的体量感的重要因素之一。

▲ 大大小小的山峰散落在广阔的原野中，前景处的雪地上游人在享受着雪带给他们的快乐，采用广角镜头俯视拍摄，可使人在画面中看起来特别渺小、山峰的体量被衬托得尤为宏大『焦距：24mm ¦ 光圈：F10 ¦ 快门速度：1/320s ¦ 感光度：ISO100』

用云雾表现山的灵秀飘逸

高山与云雾总是相伴相生，各大名山的著名景观中多有"云海"，例如在黄山、泰山、庐山都能够拍摄到很漂亮的云海照片。当云雾笼罩山体时，山的形体就会变得模糊不清，部分细节被遮挡住，于是在朦胧之中产生了一种不确定感。拍摄这样的山脉，会使画面产生一种神秘、缥缈的意境，山脉也因此变得更加灵秀飘逸。

如果只是拍摄飘过山顶或半山的云彩，选择合适的天气即可，高空的流云在风的作用下，会在山间时聚时散，拍摄时多采用仰视的角度。

如果拍摄的是山间云海的效果，应该注意选择较高的拍摄位置，以至少平视的角度进行拍摄，在选择光线时应该采用逆光或侧逆光，同时注意对画面做正向曝光补偿。

▲ 山间的云雾为山体增加了缥缈的神秘感，使整个画面兼具形式美感与意境美感『焦距：18mm ¦ 光圈：F10 ¦ 快门速度：1/250s ¦ 感光度：ISO160』

用前景衬托山峦表现季节之美

　　在不同的季节里，山峦会呈现出不一样的景色。

　　春天的山峦在鲜花的簇拥之下，显得美丽多姿；夏天的山峦被层层树木覆盖，显示出了大自然强大的生命力；秋天的红叶使山峦显得浪漫、奔放；冬天山上大片的积雪又让人感到寒冷和宁静。可以说在不同的季节之中，山峦各有不同的美感，只要寻找到合适的拍摄角度即可。

　　在拍摄不同时节的山峦时，要注意通过构图方式、景别选择、前景或背景衬托等手段表现出山峦的特点。

▲ 前景中的花丛说明了现在正值春天，画面给人以生机勃勃的感觉
『焦距：35mm ┊ 光圈：F14 ┊ 快门速度：1/1000s ┊ 感光度：ISO200』

用光线塑造山峦的雄奇伟峻

　　在有直射阳光的时候，用侧光拍摄有利于表现山峦的层次感和立体感，明暗层次使画面更加富有活力。如果能够遇到日照金山的光线，更是不可多得的拍摄良机。

　　采用侧逆光并对亮处进行测光，拍摄山体的剪影照片，也是一种不错的表现山峦的方法。在侧逆光的照射下，山体往往有一部分处于阴影之中，还有一部分处于光照之中，因此不仅能够表现出山体明显的轮廓线条和少部分细节，还能够在画面中形成漂亮的光线效果，比采用逆光更容易出效果。

▲ 夕阳时分，采用侧逆光拍摄嶙峋的群山，山体呈现出层层叠叠的半剪影效果，增强了画面的层次感『焦距：50mm ┊ 光圈：F8 ┊ 快门速度：1/40s ┊ 感光度：ISO200』

Q：如何拍出色彩鲜艳的图像？

A：可以在"胶片模拟"菜单中选择色彩表现较为鲜艳的"鲜艳"风格选项。

　　如果想要使色彩看起来更为艳丽，可以提高"色彩"选项的数值，不过需要注意的是，在调节数值时不能改变过大，否则会出现色彩失真的现象，导致画面细节损失。

拍摄树木的技巧

以逆光表现枝干的线条

在拍摄树木时，可将树干作为画面突出呈现的重点，采用较低机位的仰视视角进行拍摄，以简洁的天空作为画面背景，在其衬托对比之下重点表现枝干的线条造型，这样的照片往往有较大的光比，因此多采用逆光进行拍摄。

▲ 摄影师采用剪影的形式对树木的外形轮廓进行了重点表现，给人留下了十分深刻的印象『焦距：24mm ┊光圈：F10 ┊快门速度：1/800s ┊感光度：ISO100』

仰视拍摄表现树木的挺拔与树叶的通透美感

采用仰视的角度拍摄树木，有以下两个优点：

1. 如果拍摄时使用的是广角端镜头，可以在画面中获得树木从四周向中间汇聚的奇特视觉效果，大大增强了画面的新奇感。即使未使用广角端镜头，也能够拍摄出树梢直插蓝天或树冠遮天蔽日的效果。

2. 可以借助蓝天背景与逆光照射，拍摄出背景色彩纯粹、质感通透的树叶，在拍摄时应该对比较明亮的区域测光，从而使这部分分区域得到正确曝光，而树干则会在画面中以阴影线条的形式出现。拍摄时还可以尝试做正向曝光补偿，以增强树叶的通透质感。

▲ 仰拍可以直接、简洁地凸显出树木的高大，并且树叶在逆光照射下更为通透『焦距：16mm ┊光圈：F11 ┊快门速度：1/250s ┊感光度：ISO200』

拍摄树叶展现季节之美

　　树叶也是无数摄影师喜爱的拍摄题材之一，无论是金黄色的树叶还是火红色的树叶，总能够在恰当的对比下展现出异乎寻常的美丽。如果希望表现漫山红遍、层林尽染的整体气氛，应该用广角端镜头；而长焦端镜头则适用于对树叶进行局部特写表现。由于拍摄树叶的重点是表现其颜色，因此拍摄时应该将重点放在画面的背景色选择方面，要以最恰当的背景色来对比或衬托树叶。

　　要想拍出漂亮的树叶，最好的季节是夏天或秋天。夏季的树叶茂盛而翠绿，拍摄出的照片充满生机与活力；如果在秋天拍摄，由于树叶呈现大片的金黄色，能够给人一种强烈的丰收的喜悦感。

▶ 火红色的枫叶有种秋意浓浓的感觉，可以通过减少适当曝光补偿来增加色彩饱和度，从而突出其强烈的季节感『焦距：70mm ┊ 光圈：F3.5 ┊ 快门速度：1/1250s ┊ 感光度：ISO250 』

捕捉林间光线使画面更具神圣感

　　当阳光穿过树林时，由于部分被树叶及树枝遮挡，因此会形成一束束透射林间的光线，这种光线被摄友称为"耶稣圣光"，能够为画面增加神圣感。

　　要拍摄这样的题材，最好选择早晨或近黄昏时分，此时太阳光线斜射进树林中，能够获得最好的画面效果。在实际拍摄时，可以迎着光线，以逆光的角度进行拍摄，也可与光线平行，以侧光的角度进行拍摄。在曝光方面，可以以林间光线的亮度为准，拍摄出暗调照片，以衬托林间的光线；也可以在此基础上，增加 1~2 挡曝光补偿，使画面多一些细节。

▶ 穿透林木的光线呈发散状，增添了神圣感，也使画面呈现出强烈的形式美感 『焦距：35mm ┊ 光圈：F10 ┊ 快门速度：1/40s ┊ 感光度：ISO320 』

拍摄花卉的技巧

用水滴衬托花朵的娇艳

在早晨的花园、森林中，能够发现无数出现在花瓣、叶尖、叶面、枝条上的露珠，在阳光下显得晶莹闪烁、玲珑可爱。拍摄带有露珠的花朵，能够表现出花朵的娇艳与清新的自然感。

要拍摄带有露珠的花朵，最好使用微距镜头及特写的景别，使分布在叶面、叶尖、花瓣上的露珠不但给人一种滋润的感觉，还能够在画面中形成奇妙的光影效果。景深范围内的露珠清晰明亮、晶莹剔透；而景深外的露珠却形成一些圆形或六角形的光斑，装饰、美化着背景，给画面平添几分情趣。

如果没有拍摄露珠的条件，也可以用喷壶对着花朵喷几下，从而使花朵沾满水珠。

▲ 雨过天晴之后，花朵上落满了水珠，显得清新动人，大小不一、晶莹剔透的水珠将花朵点缀得更加娇艳，使画面看起来更富有生机『焦距：100mm ┊光圈：F2.8 ┊快门速度：1/200s ┊感光度：ISO320』

拍出有意境和神韵的花卉

意境是中国古典美学中一个特有的概念，反映在花卉摄影中，指拍摄者的花卉作品中表达的思想情感与客观景象交融而产生的一种境界。意境的形成与拍摄者的主观意识、文化修养及情感境遇密切相关，花卉的外形、质感乃至影调、色彩等视觉因素都可能触发拍摄者的联想，因而意境的流露常常伴随着拍摄者丰富的情感，多采用移情于物或借物抒情的手法来表达情感。我国古典诗词中有很多脍炙人口的咏花诗句，例如，"墙角数枝梅，凌寒独自开""短短桃花临水岸，轻轻柳絮点人衣""冲天香阵透长安，满城尽带黄金甲"，将类似的诗句熟记于心，以便在看到相应的场景时就能引发联想，以物抒情，使作品具有诗境。

▲ 以独具新意的角度拍摄水中荷花的倒影，让人觉得好像在画里看花，整个画面给人一种婉约的古典美感『焦距：70mm ┊光圈：F5 ┊快门速度：1/200s ┊感光度：ISO100』

选择最能够衬托花卉的背景颜色

在花卉摄影中，背景色作为画面的重要组成部分，起到烘托、映衬主体与丰富作品内涵的积极作用。由于不同的颜色会给人不一样的感觉，所以对比强烈的色彩会使主体与背景间的对比关系更加突出，而和谐的色彩搭配则让人有惬意、祥和之感。

通常可以采取深色、浅色、蓝天 3 种背景拍摄花卉。使用深色或浅色背景拍摄花卉的视觉效果极佳，画面中蕴涵着一种特殊的氛围。其中又以最深的黑色与最浅的白色背景最为常见，黑色背景使花卉显得神秘，主体非常突出；白色背景的画面显得简洁，给人一种很纯洁的视觉感受。

拍摄背景全黑的花卉照片的方法有两种：一是在花朵后面放置一张黑色的背景布；二是如果被摄花朵正好处于受光较好的位置，而背景的光线不充足，此时使用点测光模式对花朵亮部进行测光，这样也能拍摄到背景几乎全黑的照片。

如果所拍摄花卉的背景过于杂乱，或者要拍摄的花卉面积较大，无法通过放置深色或浅色的布或板子的方法进行拍摄，则可以考虑采用仰视角度以蓝天为背景进行拍摄，以使画面中的花卉在蓝天的映衬下显得干净、清晰。

▲ 白色的背景衬托着淡紫色的花卉，拍摄时为了使画面显得清新、淡雅，增加了 1 挡曝光补偿『焦距：90mm ┊ 光圈：F3.2 ┊ 快门速度：1/250s ┊ 感光度：ISO200』

▲ 以干净的蓝天为画面的背景，更突出了黄色的郁金香，给人清新、自然的感觉『焦距：35mm ┊ 光圈：F14 ┊ 快门速度：1/400s ┊ 感光度：ISO200』

▶ 以点测光模式对花朵进行测光，使得背景变为非常干净的黑色，与花卉的对比比较强烈，突显了花卉的颜色和形态『焦距：200mm ┊ 光圈：F5 ┊ 快门速度：1/160s ┊ 感光度：ISO100』

逆光拍出具透明感的花瓣

运用逆光拍摄花卉时，可以清晰地勾勒出花朵的轮廓。如果所拍摄的花的花瓣较薄，则光线能够透过花瓣，使其呈现出透明或半透明效果，从而更细腻地表现出花的质感、层次和花瓣的纹理。拍摄时要用闪光灯、反光板等道具进行适当的补光处理，并以点测光模式对透明的花瓣测光，以花瓣的亮度为基准进行曝光。

▲ 采用深色背景将淡粉色的花朵衬托出来，在光影的作用下呈现出美妙的效果『焦距：80mm ┊光圈：F3.2 ┊快门速度：1/1000s ┊感光度：ISO320 』

加入昆虫让花朵更富有生机

拍摄昆虫出镜的照片时一定要清楚主体是花朵，最好不要使昆虫在画面中占据太显眼的位置。

 高手点拨：如果使用了三脚架与微距镜头，在拍摄时可以尝试使用陷阱对焦的手法，即预先将焦点锁定在花朵的花蕊部分，待昆虫进入合适的拍摄位置后，使用快门线或遥控器进行拍摄，以获得构图完美、主体清晰、生动有趣的画面效果。

▲ 橙色的花朵、黄色的蝴蝶和绿色的背景使画面的色彩很丰富『焦距：100mm ┊光圈：F8 ┊快门速度：1/250s ┊感光度：ISO200 』

仰拍获得高大形象的花卉

如果要拍摄的花朵周围环境比较杂乱，采用平视或俯视的角度很难拍摄出漂亮的画面，则可以考虑采用仰视的角度进行拍摄，此时画面的背景为天空，因此很容易获得背景纯净、主体突出的画面。

如果花朵所处的位置较高，比如生长在高高树枝上的梅花、桃花，那么采用仰视的角度拍摄起来就比较容易。

如果花朵生长在田野、丛林之中，如野菊花、郁金香等，则要有弄脏衣服和手的心理准备，为了获得最佳拍摄角度，可能要趴在地上才能将相机放得很低。

而如果花朵生长在池塘、湖面之上，如荷花、莲花，则可能无法按这样的方法拍摄，需要另觅他途。

▲ 低角度仰拍花卉，可将其拍得很高大，由于区别于平常所见的花朵样貌，因此画面具有强烈的视觉冲击力『焦距：45mm ┊光圈：F10 ┊快门速度：1/180s ┊感光度：ISO100』

俯拍展现星罗棋布的花卉

采用这种角度拍摄时，最好用散点式构图形式。散点式构图的主要特点是"形散而神不散"，因此，采用这种构图手法拍摄时，要注意花丛的面积不要太大，分布在花丛中的花朵在颜色、明暗等方面应与环境形成鲜明对比，否则没有星罗棋布的感觉，要突出表现的花朵也无法在花丛中凸显出来。

▲ 以俯视的角度拍摄花卉，可以很好地将花朵的整体形状特征表现出来
『焦距：32mm ┊光圈：F2.8┊快门速度：1/125s┊感光度：ISO100』

拍摄溪流与瀑布的技巧

用不同快门速度表现不同感觉的溪流与瀑布

要拍摄出如丝绸般质感的溪流与瀑布，拍摄时应使用较慢的快门速度。为了防止曝光过度，应使用较小的光圈来拍摄，并安装中灰滤镜，这样拍摄出来的瀑布才是流畅的，就像丝绸一般。

由于使用的快门速度很慢，所以拍摄时要使用三脚架。除了采用慢速快门拍出如丝绸般的质感外，还可以使用高速快门凝固瀑布水流跌落的美景，虽然谈不上有大珠小珠落玉盘之感，却也能很好地表现出瀑布巨大的势差与水流的奔腾之势。

▲ 采用高速快门拍摄的瀑布，水花都定格在画面中，给人以气势磅礴的感觉『焦距：23mm ┊光圈：F11 ┊快门速度：1/640s ┊感光度：ISO200』

▲ 通过安装中灰镜来降低镜头的进光量，从而使用较慢的快门速度将水流拍得像丝绸般顺滑、美丽『焦距：35mm ┊光圈：F16 ┊快门速度：1s ┊感光度：ISO80』

通过对比突出瀑布的气势

在没有对比的情况下，很难通过画面直观判断一个事物的体量，因此，如果希望在拍摄瀑布时表现出瀑布宏大的气势，就应该在画面中加入容易判断大小的画面元素，从而通过大小对比来凸显瀑布的气势，最常见、常用的元素就是瀑布周边的旅游者或小船。

▲ 通过与前景中人物的对比，观者感受到了瀑布宏大的气势『焦距：28mm ┊光圈：F11 ┊快门速度：1/500s ┊感光度：ISO200』

拍摄湖泊的技巧

拍摄倒影使湖泊更显静逸

蓝天、白云、山峦、树林等都会在湖面上形成美丽的倒影，在拍摄湖泊时可以采取对称构图的方法，将水平面放在画面中的中间位置，画面的上半部分为天空，下半部分为倒影，从而使画面显得更加具有对称美。也可以按三分法构图原则，将水平面放在画面的上三分之一或下三分之一位置，使画面更富有变化。

要在画面中展现美妙的倒影，在拍摄时要注意以下几点：

1. 波动的水面不会展现完美倒影，因此应选择在风很小的天气条件进行拍摄，以保持湖面的平静。

2. 在画面中能够表现多少水面的倒影，与拍摄角度有关，角度越低，映入镜头的倒影就越多。

3. 逆光与侧逆光是表现倒影的首选光线，应尽量避免使用顺光或顶光拍摄。

4. 在倒影存在的情况下，应该适当增加曝光补偿，以使画面的曝光更准确。

▲ 使用对称式构图拍摄湖面，山体、天空与水中的倒影，形成虚实对比，使湖面显得更加宁静、和谐『焦距：18mm ┆ 光圈：F18 ┆ 快门速度：1.6s ┆ 感光度：ISO100』

选择合适的陪体使湖泊更有活力

在拍摄湖泊时，应适当选取岸边的景物作为衬托。如湖边的树木、花卉、岩石、山峰等，如果能够以飞鸟、游人、小船等运动的对象作为陪体，能够使平静的湖面更加充满生机，也更具活力。

▶ 人物的加入，既凸显了画面的宽阔感，也让画面更具有活力『焦距：24mm ┆ 光圈：F10 ┆ 快门速度：1/180s ┆ 感光度：ISO400』

拍摄雾霭景象的技巧

雾气不仅增强了画面的透视感，还赋予了照片朦胧的气氛，使照片具有别样的诗情画意。一般来说，由于浓雾天气的能见度较差，透视性不好，因此拍摄雾景时通常应选择薄雾天气。薄雾的湿度较低，能见度和光线的透视性都比浓雾好很多，在薄雾环境中，近景可以较清晰地呈现在画面中，而中景和远景要么被雾气完全掩盖，要么就在雾气中若隐若现，有利于营造神秘的氛围。

调整曝光补偿使雾气更洁净

在顺光或顶光照射下，雾会产生强烈的反射光，容易使整个画面显得苍白，色泽较差且没有质感。而采用逆光、侧逆光或前侧光拍摄，更有利于表现画面的透视感和层次感，通过画面中的光与影营造出一种更飘逸的意境。因此，雾景适宜用逆光或侧逆光来表现，逆光或侧逆光还可以使画面远处的景物呈现为剪影效果，从而使画面更有空间感。

在选择了正确的光线后，还需要适当调整曝光补偿，因为雾是由许多细小的水珠构成的，可以反射大量的光线，所以雾景的亮度较高，因此根据白加黑减的曝光补偿原则，通常应该增加 1/3~1 挡的曝光补偿。

调整曝光补偿时，还要考虑拍摄场景中雾气的面积这个因素，面积越大意味着场景越亮，就越应该增加曝光补偿；若面积很小，则只需增加少量，甚至不必增加曝光补偿。

善用景别使画面更富有层次感

由于雾气对光的强烈散射作用，雾气中的景物具有明显的空气透视效果，因此越远处的景物看上去越模糊，如果在构图时充分考虑这一点，就能够使采取一些方法以画面具有明显的层次感。

因为雾气属于亮度较高的景物，因此当画面中存在暗调景物并与雾气相互交织时，能够采取一些方法以使画面具有明显的层次和对比。

要做到这一点，首先应该选择用逆光进行拍摄，其次在构图时应该利用远景来衬托前景与中景，利用光线造成前景、中景、远景之间不同的色调对比，使画面更具有层次。

▶ 在缭绕的雾气笼罩下，近处的山、远处的山、更远处的天空分别以程度不同的色调出现在画面中，画面的层次十分清晰，使观者能够强烈地感受到画面广袤的空间感『焦距：23mm ┊光圈：F10 ┊快门速度：1/40s ┊感光度：ISO200』

拍摄日出、日落的技巧

日出、日落是许多摄影师最喜爱的拍摄题材之一，诸多获奖的摄影作品中也不乏以此为拍摄主题的照片，但由于太阳是非常明亮的光源，无论是对其测光还是曝光都有一定的难度，因此，如果不掌握一定的拍摄技巧，很难拍摄出漂亮的日出、日落照片。

选择正确的曝光参数是拍摄成功的开始

拍摄日出、日落时，较难掌握的是曝光控制。日出、日落时，天空和地面的亮度反差较大，如果对太阳测光，太阳的层次和色彩会有较好的表现，但会导致天空其他景物和地面上的景物因曝光不足而呈现出一片漆黑的景象；而对地面上的景物测光，会导致太阳和周围的区域因曝光过度而失去色彩和层次。

正确的曝光方法是使用中央测光模式，对太阳附近的天空进行测光，这样不会导致太阳曝光过度，而天空中其他部分的云彩及地面景物也有较好的表现。

▲ 拍摄时适当减少曝光补偿，使晚霞更加艳丽『焦距：16mm ┊光圈：F9 ┊快门速度：1/800s ┊感光度：ISO160 』

用云彩衬托太阳使画面更辉煌

　　拍摄日出、日落时，云彩是很重要的表现对象，无论是日在云中还是云在日旁，在太阳的照射下，云彩都会表现出异乎寻常的美丽，从云彩中间或旁边透射出来的光线更应该是重点表现的对象。因此，拍摄日出、日落的最佳季节是春、秋两季，此时云彩较多，可增强画面的艺术感染力。

▶ 天空漫天的晚霞，看起来很有气势，画面张力十足『焦距：17mm ┊ 光圈：F8 ┊ 快门速度：1/1600s ┊感光度：ISO200』

用合适的陪体为照片添姿增色

　　从画面构成来讲，拍摄日出、日落时，不要直接将镜头对着天空，这样拍摄出的照片显得太过单调。拍摄时可以选择树木、山峰、草原、大海、河流等景物作为前景，以衬托日出、日落时特殊的氛围。尤其是以树木等景物作为前景时，可以呈现出漂亮的剪影效果，能和较亮的天空形成鲜明的对比，从而增强了画面的形式美感。

　　如果要拍摄的日出或日落场景中有水面，可以在构图时选择天空、水面各占一半的形式，或者在画面中加大水面的区域，此时如果依据水面进行曝光，可以适当提高一挡或半挡曝光量，以抵消因水面折射而产生的光照损失。

▶ 画面中心的天鹅，让画面变得生动起来，也起到了点明视觉中心点的作用『焦距：200mm ┊ 光圈：F14 ┊ 快门速度：1/125s ┊ 感光度：ISO100』

善用 RAW 格式为后期处理留有余地

　　大多数初学者在拍摄日出、日落场景时，得到的照片要么是一片漆黑，要么是一片亮白，某些部分完全没有细节。因此，对于新手摄影师而言，除了在测光与拍摄技巧方面要加强练习外，还可以在拍摄时为后期处理留有余地，以挽回这种可能"报废"的片子，即将照片的保存格式设置为 RAW 格式，或者 RAW&JPEG 格式，这样拍摄后就可以对照片进行更多的后期处理，以便得到最完美的照片。

拍摄冰雪的技巧

运用曝光补偿准确还原白雪

　　由于雪的亮度很高，如果按照相机给出的测光值曝光，会造成曝光不足，使拍摄出的雪呈灰色，所以拍摄雪景时一般都要使用曝光补偿功能对曝光进行修正，通常需增加 1~2 挡曝光补偿。也并不是所有的雪景都需要进行曝光补偿，如果所拍摄的场景中白雪所占的面积较小，则无须做曝光补偿处理。

▲ 未增加曝光补偿拍摄的画面，雪的颜色没有得到准确还原

◀ 由于拍摄时增加了 1 挡曝光补偿，因此整个画面变得明亮『焦距：50mm ┊ 光圈：F9 ┊ 快门速度：1/400s ┊ 感光度：ISO200』

用白平衡塑造雪景的个性色调

　　在拍摄雪景时，摄影师可以结合实际环境的光源色温进行拍摄，以得到洁净的纯白影调、清冷的蓝色影调或与夕阳形成冷暖对比影调，也可以结合相机的白平衡设置来获得独具创意的影调效果，以服务于画面的主题。

◀ 在日落时分，将白平衡设置为"荧光灯"模式，使画面呈现为淡紫色，营造出一种梦幻的美感『焦距：20mm ┊ 光圈：F14 ┊ 快门速度：1/2s ┊ 感光度：ISO200』

雪地、雪山、雾凇都是极佳的拍摄对象

在拍摄开阔、空旷的雪地时，为了让画面更具有层次和质感，可以采用低角度逆光拍摄，使得远处低斜的太阳不仅为开阔的雪地铺上一层浓郁的色彩，还能将雪地细腻的质感凸显出来。

雪与雾一样，如果没有对比、衬托，表现效果则不会太理想，因此在拍摄雪山与雾凇时，可以通过构图使山体上裸露出来的暗调山岩、树枝与明亮的白雪形成对比。

如果没有合适的拍摄条件，可以将注意力放在类似于花草这样随处可见的微小景观上，拍摄在冰雪中生长的美丽事物。

▲ 由于使用偏振镜过滤掉了天空中的杂色，提高了画面的饱和度，因此在蓝天背景的衬托下，雾凇显得更加洁白『焦距：70mm ┆光圈：F8 ┆快门速度：1/800s ┆感光度：ISO160』

选对光线让冰雪晶莹剔透

拍摄冰雪的最佳光线是逆光、侧逆光，采用这两种光线进行拍摄，能够使光线穿透冰雪，从而表现出冰雪晶莹剔透的质感。

光线穿透冰晶，在暗背景的衬托下显得冰晶很通透，清脆的质感生动逼真
『焦距：60mm ┆光圈：F5.6 ┆快门速度：1/800s ┆感光度：ISO320』

焦距：400mm │光圈：F6.3 │快门速度：1/1000s │感光度：ISO500

第 13 章 富士 X-T4/T3
动物摄影技巧

选择合适的角度和方向拍摄昆虫

拍摄昆虫时应注意拍摄角度的选择。在多数情况下，以平视角度拍摄能取得更好的效果，因为这样拍摄到的画面看起来十分亲切。

拍摄昆虫时还应注意拍摄的方向。根据昆虫身体结构的特点，大多数情况下会选择从侧面拍摄，这样能在画面中看到更多的昆虫形体结构和色彩等特征。

不过也可以打破传统，以正面的角度进行拍摄，这样拍摄到的昆虫往往看起来非常可爱，很容易令人产生联想，使画面具有幽默的效果。

▲ 从这 4 张蝴蝶微距作品中可以看出，采用与蝴蝶翅膀平面垂直的角度拍摄出来的效果最好

手动精确对焦拍摄昆虫

对于拍摄昆虫而言，必须将焦点放在非常细微的地方，如昆虫的复眼、触角、粘到身上的露珠及花粉等位置，但要使对焦达到如此精细的程度，相机的自动对焦功能往往很难胜任。因此，通常使用手动对焦功能进行准确对焦，从而获得质量更高的画面。

如果所拍摄的昆虫属于警觉性较低的类型，便可以使用三脚架以帮助对焦，否则只能通过手持的方式进行对焦，以应对昆虫可能随时飞起、逃离等突发情况。

▲ 手动对焦拍摄的小景深画面，虚化的背景很好地突出了昆虫主体『焦距：90mm ┊ 光圈：F3.2 ┊ 快门速度：1/500s ┊ 感光度：ISO320』

将拍摄重点放在昆虫的眼睛上

昆虫的眼睛有两种，一种是复眼，每只复眼都是由成千上万只六边形的小眼紧密排列组合而成的；另一种是单眼，单眼结构极其简单，只不过是一个突出的水晶体。从摄影的角度来看，无论是拍摄具有复眼的蚂蚁、蜻蜓、蜜蜂，还是具有单眼结构的蜘蛛，都应该将拍摄的重点放在昆虫的眼睛上。这样不但能够使画面中的昆虫显得更生动，而且还能够让观者领略到微距世界中昆虫眼睛的结构之美。

▲ 蜻蜓眼部复杂的结构作为画面的表现主题，使作品具有强烈的视觉震撼力，给观者带来新奇、独特的视觉感受『焦距：90mm ┊光圈：F6.3 ┊快门速度：1/320s ┊感光度：ISO200』

选择合适的光线拍摄昆虫

拍摄昆虫的光线通常以顺光和侧光为佳，顺光拍摄能较好地表现昆虫的色泽，使照片看起来十分鲜艳动人；而侧光拍摄的昆虫富有明暗层次，有着非常不错的视觉效果。

逆光或侧逆光在昆虫摄影中使用得也较为频繁，如果运用得好，也可以拍摄出非常精彩的照片，尤其是在拍摄半透明体的昆虫，如蝴蝶、蜻蜓、螳螂等，逆光拍摄的效果非常别致。

▶ 采用逆光拍摄蝴蝶，在深色背景的衬托下，其半透明状的翅膀表现得很别致『焦距：100mm ┊光圈：F7.1 ┊快门速度：1/250s ┊感光度：ISO400』

捕捉鸟儿最动人的瞬间

一个漂亮的画面，只能够令人赞叹，而一个有意义、有情感的画面则令人难忘，这正是摄影的力量。

与人类一样，鸟类同样拥有丰富的情感，也有喜悦哀愁，会表现出不同的动作。以艺术写意的手法来表现鸟类在自然生态环境中感人至深的情感，就能够为照片带来感情色彩，从而打动观众。

因此，在拍摄鸟类时，可以注意捕捉鸟类之间喂哺、争吵、呵护的画面，这样拍出的照片就具有了超越同类作品的内涵，使人感觉到画面中的鸟儿是鲜活的，与人类一样有情、有爱、有生、有死，从而引起观众的情感共鸣。

▲ 两只天鹅正依偎在一起，画面温馨且动人，由于它们运动的幅度不大，使用单次自动对焦模式就可满足拍摄需求『焦距：200mm┊光圈：F5.6┊快门速度：1/1250s┊感光度：ISO200』

选择合适的背景拍摄鸟儿

对于拍摄鸟类来说，最合适的背景莫过于天空和水面。一方面可以获得比较干净的背景，突出被摄体的主体地位；另一方面，天空和水面在表达鸟类生存环境方面比较有代表性。例如，在拍摄鹳、野鸭等水禽时，以水面为背景可以很好地交代其生存的环境。

▲ 以蓝天作为背景拍摄飞鹰，简单、明了的背景很好地衬托出了它的身姿『焦距：300mm┊光圈：F6.3┊快门速度：1/3000s┊感光度：ISO250』

选择最合适的光线拍摄鸟儿和游禽

在拍摄鸟类时，如果其身体上的羽毛较多且均匀，颜色也很丰富，不妨采用顺光进行拍摄，以充分表现其华美的羽翼。

如果光线不够充分，不妨采用逆光的角度进行拍摄，以将其半透明的羽毛拍摄成为环绕身体的明亮的外轮廓线。

如果逆光较强，可以针对天空较明亮处测光，并在拍摄时做负向曝光补偿，从而将鸟儿表现为深黑色的剪影效果。

▲ 逆光下使用长焦镜头拍摄，海鸥的羽毛呈半透明状，画面极具美感，可以说是一幅好的作品『焦距：200mm ┊ 光圈：F8 ┊ 快门速度：1/2000s ┊ 感光度：ISO400』

▲ 采用顺光拍摄，可以很好地表现鸟儿羽毛的质感与颜色『焦距：500mm ┊ 光圈：F6.3 ┊ 快门速度：1/320s ┊ 感光度：ISO400』

选择合适的景别拍摄鸟儿

要以写实的手法表现鸟类，可以采取拍摄整体的方法，也可以采取拍摄局部特写的方法。表现整体的优点在于，能够使照片更具故事性，纪实、叙事的意味很浓，能够让观众欣赏到完整且优美的鸟类形体。

如果要拍摄鸟类的局部特写，可以将着眼点放在如天鹅的曲颈、孔雀的尾翼、飞鹰的硬喙、猫头鹰的眼睛这些极具特征的局部上，以这样的景别拍出的照片能给人留下深刻的印象。如果用特写景别表现鸟类的头部，拍摄时应对焦在鸟儿的眼睛上。

▲ 用特写的景别拍摄别具特色的鸟儿头部，纤毫毕现的头部给人极强的视觉冲击力『焦距：300mm ┊ 光圈：F6.3 ┊ 快门速度：1/800s ┊ 感光度：ISO200』

▲ 利用全景景别拍摄鸟儿的整体，突出其飞翔时的动势『焦距：400mm ┊ 光圈：F8 ┊ 快门速度：1/1250s ┊ 感光度：ISO500』

第 14 章 富士 X–T4/T3
建筑摄影技巧

合理安排线条使画面有强烈的透视感

拍摄建筑题材的作品时，如果要保证画面有真实的透视效果与较大的纵深空间，可以根据需要寻找合适的拍摄角度和位置，并在构图时充分利用透视规律。

在建筑物中选取平行的轮廓线条，如桥索、扶手、路基，使其在远方交汇于一点，从而营造出强烈的透视感，这样的拍摄手法在拍摄隧道、长廊、桥梁、道路等题材时最为常用。

如果所拍摄的建筑物体量不够宏伟、纵深不够大，可以利用相机广角端夸张强调建筑物线条的变化，也可以在构图时选取排列整齐、变化均匀的对象，如一排窗户、一列廊柱、整齐的地面的瓷砖等。

▲ 利用广角端拍摄的走廊，由于透视的原因，其结构线条形成了向远处一点汇聚的效果，从而大大延伸了画面的视觉纵深，增强了画面的空间感『焦距：18mm ┊ 光圈：F5.6 ┊ 快门速度：1/6s ┊ 感光度：ISO100』

逆光拍摄勾勒建筑优美的轮廓

逆光对于表现轮廓分明、结构有形式美感的建筑非常有效，如果要拍的建筑环境比较杂乱且无法避让，摄影师就可以将拍的时间安排在傍晚，利用天空的余光将建筑拍摄成为剪影。此时，太阳即将落下、夜幕将至、华灯初上，拍摄出来的建筑画面中不仅有大片的深色调区域，还伴有星星点点的色彩与灯光，画面明暗平衡、虚实相衬，而且略带神秘感，能够引发观众的联想。

在实际拍摄时，只需要针对天空中的亮处进行测光，建筑物就会由于曝光不足而呈现为黑色的剪影效果。如果按此方法得到的是半剪影效果，可以通过降低曝光补偿使暗处更暗，从而使建筑物的轮廓更明显。

▲ 夕阳西下，以暖色的天空为背景，采用逆光拍摄，被摄建筑呈现为美妙的剪影效果『焦距：50mm ┊ 光圈：F14 ┊ 快门速度：1/500s ┊ 感光度：ISO160』

用长焦镜头展现建筑独特的外部细节

如果觉得建筑物的局部细节非常完美，则不妨使用长焦镜头，专门对局部进行特写拍摄，这样可以使建筑的局部细节得到放大，从而给观众留下更加深刻的印象。

▲ 利用长焦镜头拍摄古典建筑的局部，其精美的雕刻让观者感受到了建筑的辉煌与气派『焦距：200mm 光圈：F6.3 快门速度：1/500s 感光度：ISO160』

通过对比突出建筑的体量感

在没有对比的情况下，很难通过画面直观判断出一个建筑的体量。因此，如果在拍摄建筑时希望体现出建筑宏大的气势，就应该在画面中加入容易判断大小体量的画面元素，从而通过大小对比来表现建筑的气势，最常见的元素就是建筑周边的行人或者大家比较熟知的其他小型建筑。总而言之，就是用大家知道体量的景物或人物来对比判断建筑物的体量。

▲ 以画面下方的人物与车辆作为对比，突出了建筑的高大『焦距：23mm 光圈：F16 快门速度：5s 感光度：ISO160』

用高感光度拍摄建筑精致的内景

在拍摄建筑时，除了拍摄宏大的整体造型及外部细节之外，也可以进入建筑物内部拍摄内景，如歌剧院、寺庙、教堂等建筑物内部都有许多值得拍摄的细节。

由于室内的光线较暗，在拍摄时应注意快门速度的选择，如果快门速度低于安全快门，应适当开大几挡光圈。由于富士 X-T3 相机的高感光度性能比较优秀，因此最简单有效的方法是直接使用 ISO1600 甚至 ISO3200 这样的高感光度进行拍摄，从而以较小的光圈、较高的快门速度表现建筑内部的细节。

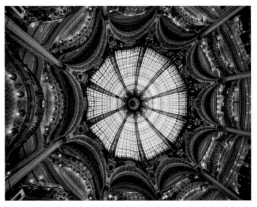

▶ 拍摄较暗的建筑内景时，可使用大光圈来增加镜头的进光量，并适当提高感光度以提高快门速度『焦距：16mm 光圈：F5 快门速度：1/40s 感光度：ISO1000』

拍摄蓝调天空夜景

要表现城市夜景，在天空完全黑下来后才去拍摄，并不一定是个好选择，虽然那时城市里的灯光更加璀璨。实际上，当太阳刚刚落山、夜幕即将降临、路灯也刚刚开始点亮时，才是拍摄夜景的最佳时机。此时天空具有更丰富多彩的颜色，大部分是蓝紫色，而且在这段时间拍摄夜景，天空的余光能勾勒出天边被摄体的轮廓。

如果希望拍摄出深蓝色调的夜空，应该选择一个雨过天晴的夜晚，由于大气中的粉尘、灰尘等物质经过雨水的冲刷而降落到地面上，天空的能见度提高而变为纯净的深蓝色。此时，带上拍摄装备去拍摄天完全黑透之前的夜景，会获得十分理想的画面效果。画面将呈现出醉人的蓝色调，让人觉得仿佛走进了童话故事里的世界。

▲ 在日落后的傍晚拍摄大桥夜景，由于色温较高，因此天空的色调偏冷。为了增强画面的蓝调氛围，使用了色温较低的"荧光灯"白平衡模式『焦距：28mm ┊ 光圈：F8 ┊ 快门速度：10s ┊ 感光度：ISO100 』

长时间曝光拍摄城市动感车流

使用慢速快门拍摄车流留下的长长的光轨，是绝大多数摄影师喜爱的城市夜景题材之一。但要拍出漂亮的车灯轨迹，对拍摄技术有较高的要求。

很多摄友拍摄城市夜晚车灯轨迹时常犯的错误，是选择在天色全黑时拍摄，实际上应该选择天色未完全黑暗时进行拍摄，这时的天空有宝石蓝般的色彩，拍出来的天空才会漂亮。

如果要让照片中的车灯轨迹呈迷人的S形线条，拍摄地点的选择很重要，应该在能够看到弯道的地点进行拍摄。如果在过街天桥上拍摄，那么出现在画面中的灯轨线条必然是有汇聚效果的直线条，而不是S形线条。

拍摄车灯轨迹一般选择快门优先模式，并根据需要将快门速度设置为30s以内的数值（如果要使用超出30s的快门速度进行拍摄，则需要使用B门）。在不会过曝的前提下，曝光时间的长短与最终画面中车灯轨迹的长度成正比。

使用这一拍摄技巧，还可以拍摄城市中其他有灯光装饰的对象，如摩天轮、音乐喷泉等，使运动的发光对象在画面中形成光轨。

▲ 三脚架配合低速快门，使拍出的城市夜晚的车灯轨迹更加璀璨，画面不仅充满了动感，而且还呈现出了十分迷人的效果『焦距：17mm ¦ 光圈：F16 ¦ 快门速度：25s ¦ 感光度：ISO100』

光线摄影